詩詞長歌

王守潔詩詞創作歌曲集

傳唱千年的浪漫情懷

詩詞作曲 王守潔

白話詩譯 曾昭旭

詩詞書法 林隆達

歌曲聆賞索引

115 情有獨鍾

157 浮生若夢

插圖出自：楚戈〈無一物中無盡藏〉

詩詞長歌：以詩相和 以歌傳情

劉兆玄 ／ 序文

身為華夏民族的一分子，如果要我說出一種我們民族最值得驕傲的文化資產，那就是「漢字」。

漢字反映了中華民族深邃的思想與智慧。世界上眾多民族都有文字，但漢字是所有發展成熟的人類文字中，唯一以視覺辨認的文字。先民們仰觀天象、俯察地理、探索生命，為一切賦予形象符號，因此，漢字在其創造與發展的過程中就蘊含了豐富的文化元素，承載了歷代先祖們積累的自然知識、社會理念與人生體會。其後，漢字又被賦予了豐富的音韻，如平、上、去、入等等，得以誦讀詠歌、口耳相傳，富有音樂美感。

既有形象又有音韻，使漢字的包容量無限廣闊，得以承載其後數千年的華人智慧，漢字自身也得以生生不息、綿延不絕。漢字所包蘊的圖像性和意象性，構成視覺審美的根基，特別反映在書法、篆刻藝術上；而漢字所包含的語韻與語意，構成文學與音樂審美的要素，尤其彰顯於詩詞歌賦。

多年以來，我著力較多的是漢字視覺藝術方面的推廣與交流，例如，藉由舉辦兩岸漢字文化藝術節，推動書法、篆刻藝術的兩岸交流，也鼓勵漢字的日常書寫。欣聞長歌藝術傳播吳放社長與作曲家王守潔老師攜手合作，藉由音樂推廣詩詞文化，既彰顯了漢字的音樂之美，也推廣了優秀的詩詞文化，甚至可以說，重新繼承了華夏禮樂文明中「樂」的傳統，具有積極正面意義。

王守潔老師是已故著名作曲家屈文中先生的夫人，屈先生磅礡壯美且富有民族特色的音樂創作對中港台的樂壇皆產生重要影響；王守潔老師是優秀的鋼琴家，近年投入詩詞音樂創作，產出了這麼多旋律動聽、情感深厚、感人肺腑的詩詞樂曲，可謂碩果累累！而且這些歌曲大都琅琅上口、老少咸宜，透過詠唱，更易於記住詩詞，更能夠體會詩詞之美，是推廣詩詞文化的一劑良方、一道捷徑；而跟著樂曲學唱，或淺唱低吟、或引吭高歌，皆足以舒暢身心、陶冶性情，感受音樂與詩詞的美好，對身處後疫情時代的人們，亦頗有療癒之效。

主辦方為「詩詞長歌」策劃了一系列活動，包括：出版文學樂譜、出版詩詞字帖、舉辦音樂會、舉辦詩詞主題書畫展、校園詩詞推廣等等，綜合各門類藝術，是一項精彩可期、值得關注的藝術行動。同時，結合了優秀的文學家、書法家、歌唱家、畫家等共襄盛舉，含括老中青三代，有願景、有行動，眾志成城，實屬不易。

「漢字」就如一棵巨樹，扎根於中華文化的千里沃野，開枝散葉於萬里碧空，視野無窮、風景無限，五湖四海的炎黃子孫們都可以來樹蔭下乘涼聊天，以文會友，以字交心，以詩相和，以歌傳情，不亦樂乎？

劉兆玄

中華文化永續發展基金會　董事長

文化傳承 心似金鈿

連方瑀／序文

台灣剛光復時，我隨父母來到台灣，年紀非常小，舉家住在台北市和平西路。家家戶戶皆為日式房舍，每戶都有院子、東西兩側木製長廊，室內為榻榻米。當時我們從未見過榻榻米，穿著皮鞋直接走上去，更有一位長輩將儲放棉被的櫃子以為是臥室。文化的差異還真不小。

比我們晚一點來到台灣的外公一家，住在我家的東廂房。外公非常愛吟詩，常在月上東山時，牽著我的小手漫步在鬱鬱蔥蔥的院子，教我吟唱。記得他教的〈登鸛雀樓〉：「白日依山盡，黃河入海流。欲窮千里目，更上一層樓。」他一面吟唱，一面讚美：「真有氣魄，你一定要記得這首。」我經常聽，自然記得滾瓜爛熟，但從未覺得這首古調多好聽。沒想到這樣的場景也發生在我與長孫定捷身上。當我吟唱外公曾經教導我的詩時，定捷扮著鬼臉、用童稚的聲音說：「奶奶，不要唱了，太陽都要下山了。」讓我大笑不已。那年，定捷四歲，他現在已十三歲，但仍可完整地背誦這首詩。

父親在世時，也經常教我古文詩詞，更在寒暑假時，請老師來家中授課。彼時調皮搗蛋的我經常捉弄老師，但也學到非常多。父親雖然一輩子研究科學，但堅持要我將國學根基打好。記憶中，父親非常喜歡陸游的〈釵頭鳳〉，我也非常喜歡，但總覺得古調不夠美。一個偶然的機會聽到守潔老師新譜的曲調，心中莫名的感動。立刻學習，至今已成為我最喜愛的詩歌之一。韓翃的〈章臺柳〉纏綿悱惻、動人心弦，講述安史之亂亂世背景下，唐朝詩人韓翃和愛人柳氏間一則別離傷感、讓人唏噓不已的愛情故事，父親也很喜歡這首詩。守潔老師為這些在連天烽火中尋尋覓覓的有情人，譜了好幾首絕美的詩歌。

王守潔老師譜的作品：有輕快的、有傷感的；有磅礴的、有細膩的；有勵志的、有婉約的。譬如曹操的〈短歌行〉，在王老師的音樂裡，可以感受到一個經年在沙場上叱吒風雲的梟雄，同時又是一個詠嘆生命短暫，世事無常，戰爭的悲慘，逆旅的滄桑的詩人。又如王勃的「海內存知己，天涯若比鄰」，王老師編了幾個不同的聲部，當音樂響起，那種巍峨奔騰的大氣勢，共俯仰、同翻捲、齊陰晴，讓我如置身百花同開的芬芳，覺得世界好溫暖，人情總不缺，到處可以攜手同行。

中文，需要世代傳承，心理研究發現：人的一生中，十三歲以前是記憶力最好的時期，記住的東西往往終身不忘，我們應該好好教導他們。我的五位孫女將許多詩詞如〈木蘭詩〉等唱得琅琅上口，還曾多次公開演出，獲得熱烈的掌聲。文化，小自一個人的知識水平，學識素養，大至一個國家，民族知性演繹的薪火傳承，中華民族五千年的歷史文化，如果沒有傳承，沒有發揚，這文明就熄滅了。長久以來，就是靠像王守潔老師這樣的人，一直在默默耕耘，才使我們的文化，有一個燦爛的明天。

謹在此祝福「詩詞長歌」演唱會成功。

連方瑀

連雅堂先生教育基金會
連震東先生文教基金會　董事長

傳唱千年的浪漫情懷

吳 放／發行人感言

宋人范成大歌頌愛情:「願我如星君如月,夜夜流光相皎潔。」唐人李白吟詠歷史:「古人不見今時月,今月曾經照古人。」無數名句佳篇歷久彌新,儘管時代會變換,人事有代謝,但千年以來詩詞不朽地流傳,如星月一般永恆高掛夜空,讓活在黝暗地表的人們,隨時舉頭都可以沐受詩詞的光照。

偶然夜有所思,我也愛仰望天際星月。有時會看到「星垂平野闊,月湧大江流」或「纖雲弄巧,飛星傳恨,銀漢迢迢暗度」;有時能聽見「暫伴月將影,行樂須及春」或「但願人長久,千里共嬋娟」。總會有幾句詩詞忽焉浮現,扣緊吻合當時心境,似乎今日所有的感覺,早就寫在唐詩宋詞裏,等著跨越時空來印證兌現。

我所認知的詩詞,不是書上留存的文學知識,而是透過人心傳遞的情感經驗。今人日常的種種心理狀態,都曾被古代詩人經歷過、抒寫過,於今有感欲言時,往往不如引用現成詩句,更能真切傳情達意,且表現高深優美之境界。王國維分析過其中區別:「境界有二,有詩人之境界,有常人之境界。常人皆能感之,而惟詩人能寫之。故其入於人者至深,而行於世也尤廣。」古人與今人、詩人與常人都有共通的感懷,而古代詩人更能說出現今常人想說,但說不出或說不好的金玉良言。

雖然新科技使舊文學日漸式微,當今已是資訊爆炸、信息碎片化的時代,現代人緊握手機而拋下書本,無法持久專注閱讀長篇文學,古早的散賦、小說可能與未來生活愈加疏遠。但詩詞不會,詩詞形式輕薄短小,正適合今人閱讀習性,而且詩詞內容較多描寫愛怨情愁,這是恆常不易的人性心緒,即使物質生活有明顯的千年落差,而當代人們精神上的浪漫想望,仍與唐宋時期沒有兩樣。

尤其當詩詞結合歌曲形式，更具有心靈的穿透性，能超越文字阻隔直入人心。最初始的中國文學《詩經》即是短篇歌謠，源出於市井鄉里，質樸寫實地詠唱先民生活情狀；《楚辭》也是詩歌形式，更見心靈層面的幻想描述。其後漢代樂府詩、魏晉駢文，乃至唐詩、宋詞、元曲等，在當時皆是以歌傳唱。可惜曲調難以藉口耳相傳久遠，時過境遷便散失了聲韻旋律，徒留精彩的文字歌詞傳衍至今。

固然歷代皆有風行一時的歌唱形式，現今也不乏白話歌曲流行民間。而音樂家王守潔仍鍾情於往昔詩詞之美，特別選擇一些寓意雋永、情義深厚的詩詞重新譜曲，期使今人透過現代旋律牽引，得以接通古人情思，讓典麗雅緻的唐詩宋詞，再度融入現代人的精神生活。舊詞譜新曲，如新瓶裝舊酒，今日歌者與聽眾得以沉醉於古典情懷中。

《詩詞長歌》原只是一本歌譜的出版，為使文義可讀可解，我懇邀國學家曾昭旭為古典詩詞做白話詩譯；又為書冊美觀設想，再請書法家林隆達為詩詞揮毫增色，並採用兩岸畫家作品為圖飾，遂集音樂、文學、藝術之多元美感於一書。歌譜既成，書畫作品齊備，索性擴大舉辦音樂會、書畫展，盼將抽象的詩詞美感，落實推廣於閱聽大眾生活之中。

允為音樂會做導聆的曾昭旭老師對美學素有深研，他區分美的型態有兩種：藝術美、生活美。藝術美是客觀的，美的對象隔些距離被欣賞；生活美是主觀的，美已融入自我生命之中。而欣賞詩詞文學是能連通兩者，將藝術與生活之美相互融合的理想方式。因為詩詞是從詩人生活中，抽取高峰經驗而創作的藝術品，再把詩詞藝術放入常人生活中，自然具有提升境界的功能。所以他說：「親近詩歌，就是美化人生的開端。」

回顧早年我初入傳播界，曾在幼獅電台主持文學節目《驀然回首》，每集推介賞析一首詩詞；後來接觸篆刻撰寫專欄，在爾雅出版《印象深刻》，援引詩詞名句入印併附散文；至今籌辦《詩詞長歌》音樂會、書畫展，仍不離詩詞題旨。細想因由，無非是深諳其美、入迷其妙，品讀吟唱詩詞始終令我興味盎然，也亟欲普及大眾共享，長期以來心志猶如野人獻曝一般。

西方詩人王爾德說：「我們都在陰溝裏，但有些人會仰望星空。」中華文化蘊藏無窮瑰寶，恰似浩瀚夜空中繁星閃耀，可惜今日島上之人已鮮少投以目光。甚至有短視狂妄政客企圖遮擋、隱藏星光，如螢火蟲傲慢地對群星說：「我估計有一天星光會熄滅。」星星們不與爭辯，但我抬眼又隱約看見，星光照亮了杜甫的詩句：「爾曹身與名俱滅，不廢江河萬古流。」

吳放

長歌藝術傳播負責人
長歌出版社社長

衷心感謝

王守潔 ／作曲者感言

在長歌藝術傳播吳社長的感召下，聚集了優秀的文學家、書法家、歌唱家、畫家，透過音樂會、展覽、校園推廣等系列活動，完美了這本文學歌譜的出版和推廣。

我由衷地感激。感激長歌藝術團隊夥伴的努力。感激每位為這本文學樂譜付出努力的朋友們。

也藉此機會要特別感激連方瑀夫人，她不僅在選擇詩詞上給予許多寶貴的意見，更是我眾多樂曲的第一位聽眾與演唱者。

我只是一位平凡的音樂工作者，

像個快樂的音樂農夫，

在屬於自己的小小園地，

開墾、播種、灌溉……

感激每位長期對我關懷、支持與鼓勵的朋友們，讓我們共同為傳承與發揚中華文化而努力！

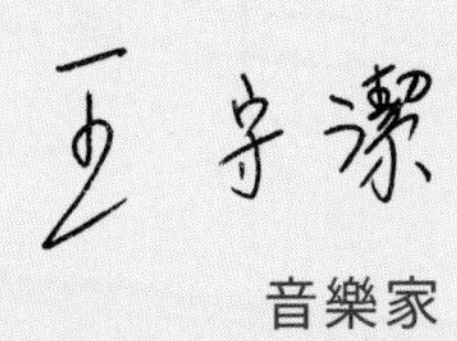

音樂家

介於可能與不可能之間的詩翻譯

曾昭旭／詩詞譯白

關於將詩翻譯成他種語文這件事，他的第一原理或說本質原理就是：詩是不能翻譯的。

為什麼？就因為詩是最精練的意象語言，這種語言（象）和他要表達的生命感情（意），關係已密切不可分到二而一一而二了！亦即意在言外又在言中，象即意意即象的獨一無二存在。所以，怎麼可能翻譯呢？就算你翻譯得再好，也已經是另一個不同的意象亦即另一首詩了！

但如果換一個觀點，詩的翻譯又是未嘗不可的，那就得依據譯詩的第二原理或說導出原理：詩是詩（就語言或象來說）同時又不是詩而是生命（就道或意來說）。而生命是活的是在不斷變化中的，遂可能在同異之間產生了微妙弔詭的承傳關係，就像父子之間既有血脈的相連相像，但又是生命體的各自獨立。於是詩便可以分化為兩層涵義：具體的一首一首的詩，與詩詩相連以顯其血脈呼應的詩。前者單顯高峯境界（意象），後者更涵流動氣韻（生命與道）。所以在中國，詩人吟詩常喜歡唱和步韻，畫家作畫也常自謂師某前人之意；就是要從一己的小生命飛躍到廣大無垠的詩世界、道世界，以點出其中的精神血脈，以體驗其尚友古人，乃至上下與天地同流、一即一切的意境。

於是詩在一義下成為可以翻譯了！但當然不能是語言文白或中英的對譯，而須是得原詩之意的意譯。這種翻譯簡直就是用另一種語言重寫一首有獨立生命的詩了，因此可以離開原詩去獨立欣賞；但又無妨通過這比較熨貼當代語言情境的譯文，幫助讀者去接近原詩的語言情境，以領略其間有氣脈相連的情韻，而更拓展了我們所親近的詩世界。亦即譯文並非原詩的導引更非替代，而是原詩生命世界的衍伸與拓展，也可以說是另外一種唱和步韻。

其實遠在魏晉，就已經開始有言能否盡意之辯。而歷代議論雖多，結論大體落在能與不能之間。而所謂能與不能之間，並非顢頇之兩可，實是詭譎的相即。這正是中華文化於變貞常的生命精神所在；落於藝事，則不妨以詩為總代表，此中國所以有詩的國度之稱也。

長久以來，我就是秉此理念精神去轉譯唐詩宋詞的。而既然這本質上不是一種翻譯工作而近乎是一種再創作，所以通常都是在讀詩時偶有感觸，才自然生起改寫為現代語言之念。而其間的一項助緣，則是我常會在扇面上書寫詩文，配以墨蘭，自用之外，亦以餽贈；其後更覺附書自家譯文，會益添情韻。於是累積漸多，也有在中學任教的學生，欣賞之餘，更敦促早日成書，以裨教學之用。以至於這次詩詞長歌荷蒙邀展，也算是機緣妙合，遂欣然應允。不僅助成美事，也是藉此機緣，對中華文化中的所謂詩意，聊為詮釋如上。

曾昭旭

國學家、美學家
淡江大學中文系榮譽教授

作曲家簡介

王守潔

王守潔畢業於北京中央音樂學院鋼琴系。1980年開始活躍於台灣樂壇，曾任教於中國文化大學音樂系、華岡藝校。長年與港台知名樂團、作曲家、器樂家、演唱家與合唱團合作。作品曾榮獲金馬獎電影插曲獎、唱片金鼎獎。近年投身於中國古典詩詞的音樂創作。

王守潔創作詩詞歌曲時，著重中文語韻與音調旋律的相互融合，以及詩詞情感韻味的展現。作家羅蘭曾形容王守潔彈鋼琴時：「琴聲不僅是琴聲，而是整個人如同燒熔的岩漿，注入全部感情。」中國古詩詞在她的重新譜曲與詮釋下，文學與音樂得以融合，古典與現代相互激盪，一首首詩詞乘上歌聲的翅膀後，更能引人情感共鳴。

藝術家群像

本書插圖畫家

周哲

楚戈

許文厚

陳朝寶

夏祖明

范麗庭

林章湖

穆賽

君子之風

見百川東流而發奮圖強；
知海不厭深而招賢納士。
臨別時，珍重海內存知己；
孤憤中，願效梅花留清香。
君子之風，山高水長；
雖居陋室，何陋之有？

插圖出自：周哲〈問松〉

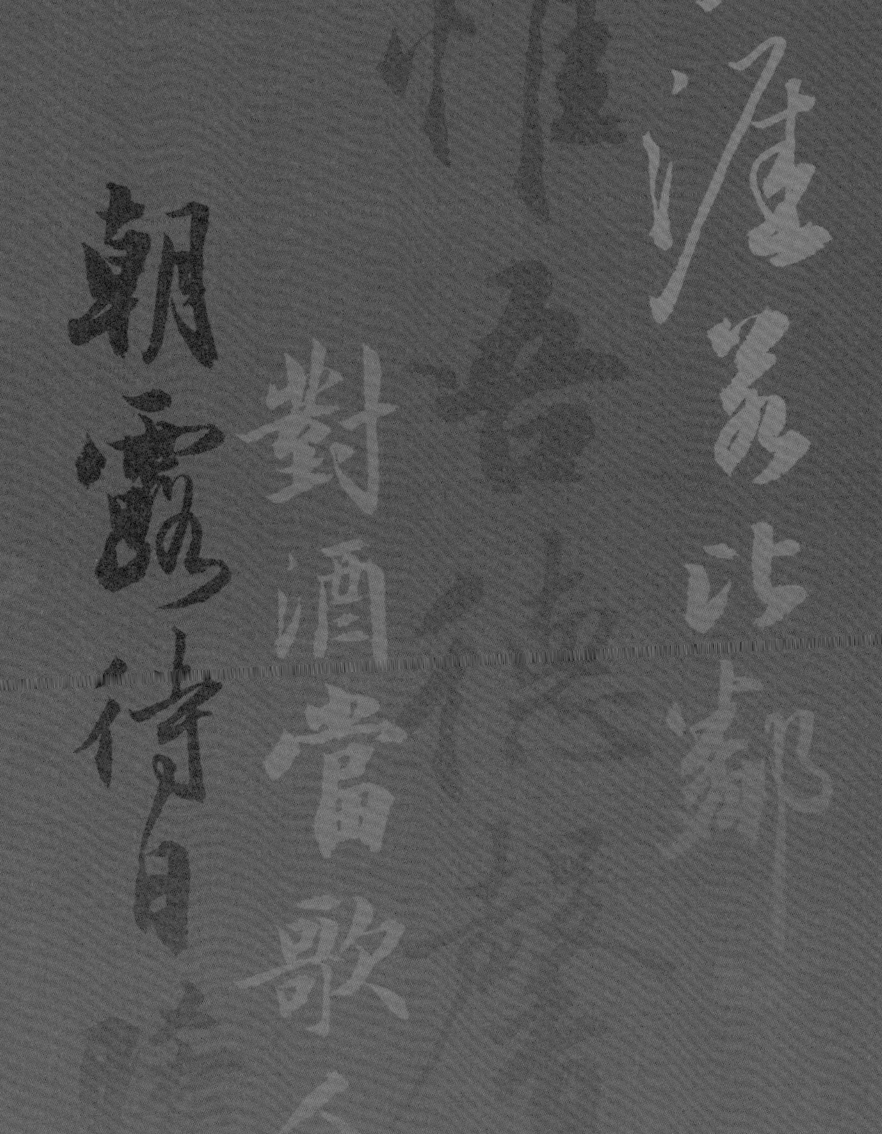

音樂奇妙之處，在於它滿足了語言所無法表達的，圓滿了畫面所無法描繪的。 —— 王守潔

長歌行

掌管俗樂的官府　漢樂府

時間就像一季的花開，季節過了，花便謝了；

時間又像百川的流水，奔湧到海，不再返回。

早在兩千多年前的漢代，先輩們就吟詠著時間的歌，

讚嘆青春的華美，也喟惜年華的飛逝……

但先哲們並不耽溺於愁緒，而是化感慨為勵志，

告訴我們如何在這光陰飛渡的生命旅程裡，

不留下遺憾。

長歌行

詞：漢樂府　　　　曲：王守潔

中速

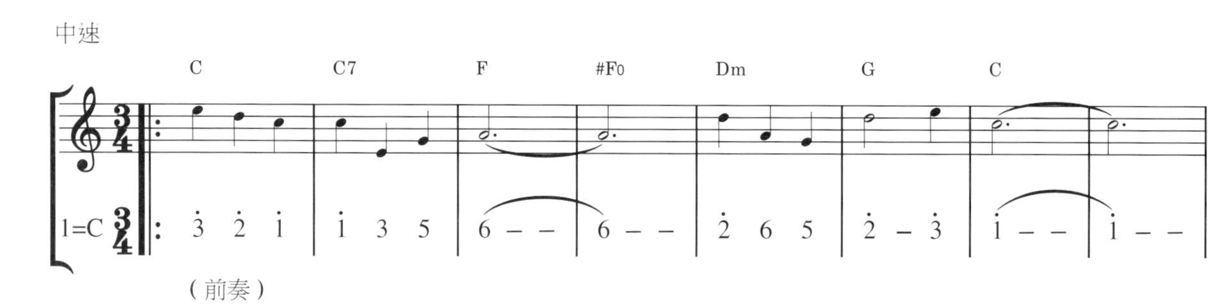

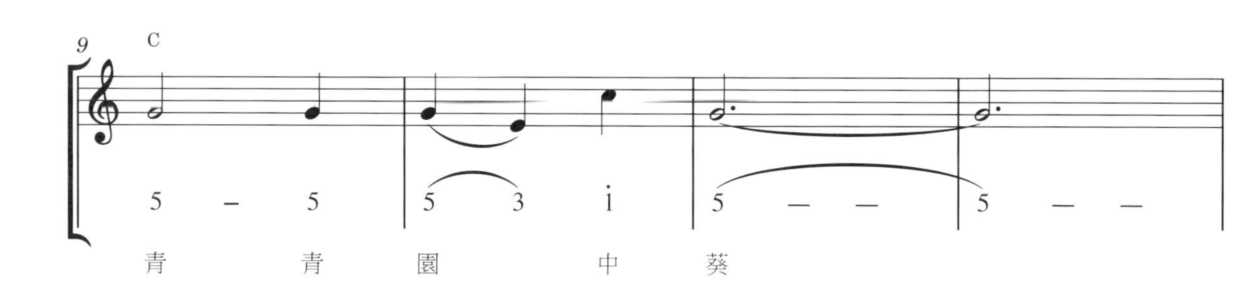

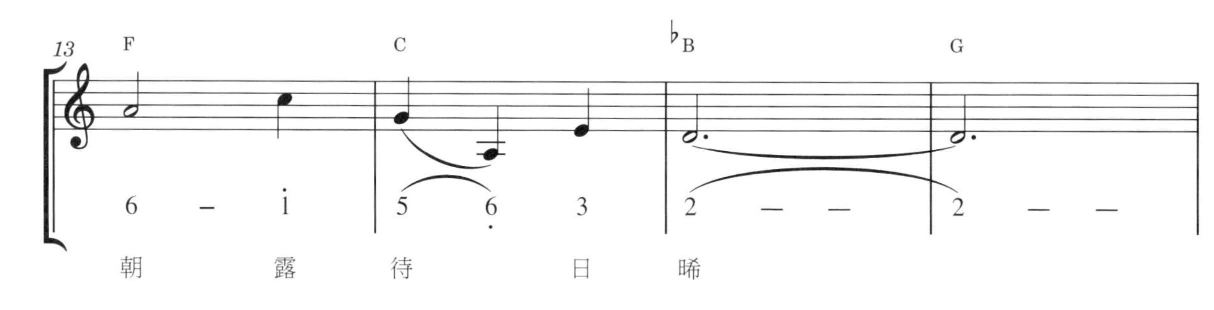

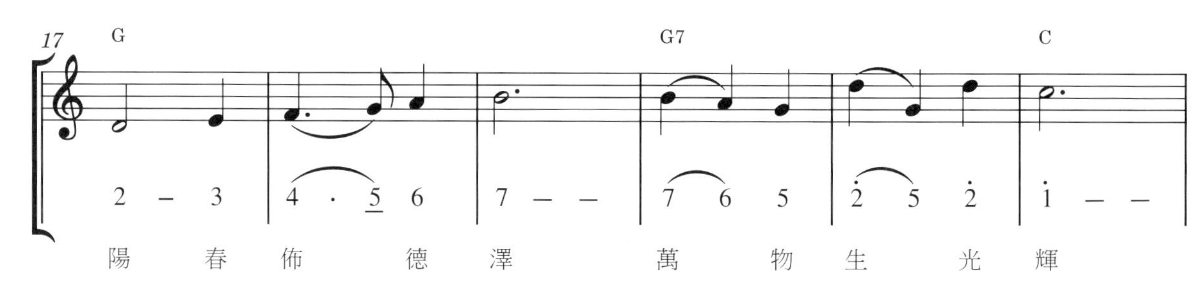

合唱版聆賞

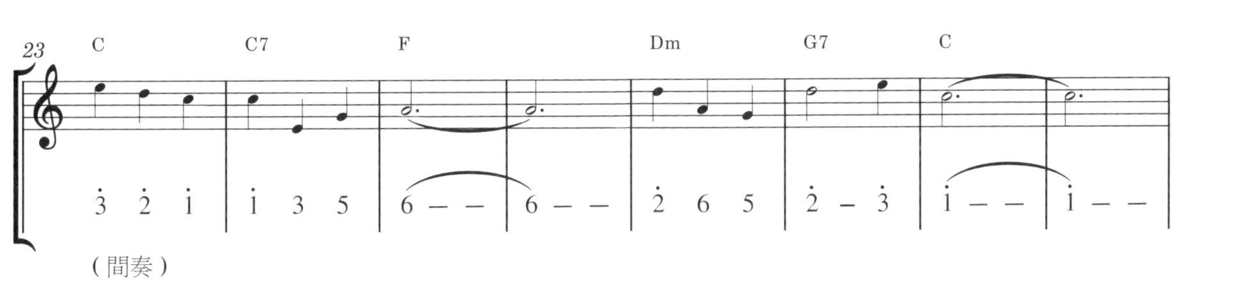
23
C
C7
F
Dm
G7
C
(間奏)

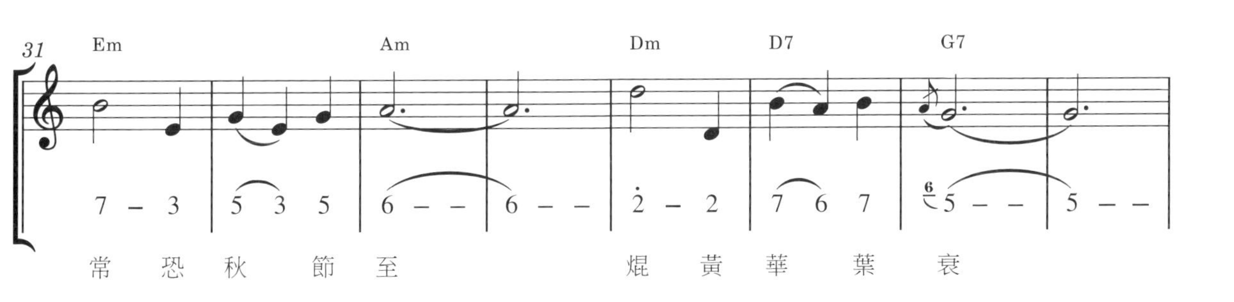
31
Em
Am
Dm
D7
G7
常 恐 秋 節 至
焜 黃 華 葉 衰

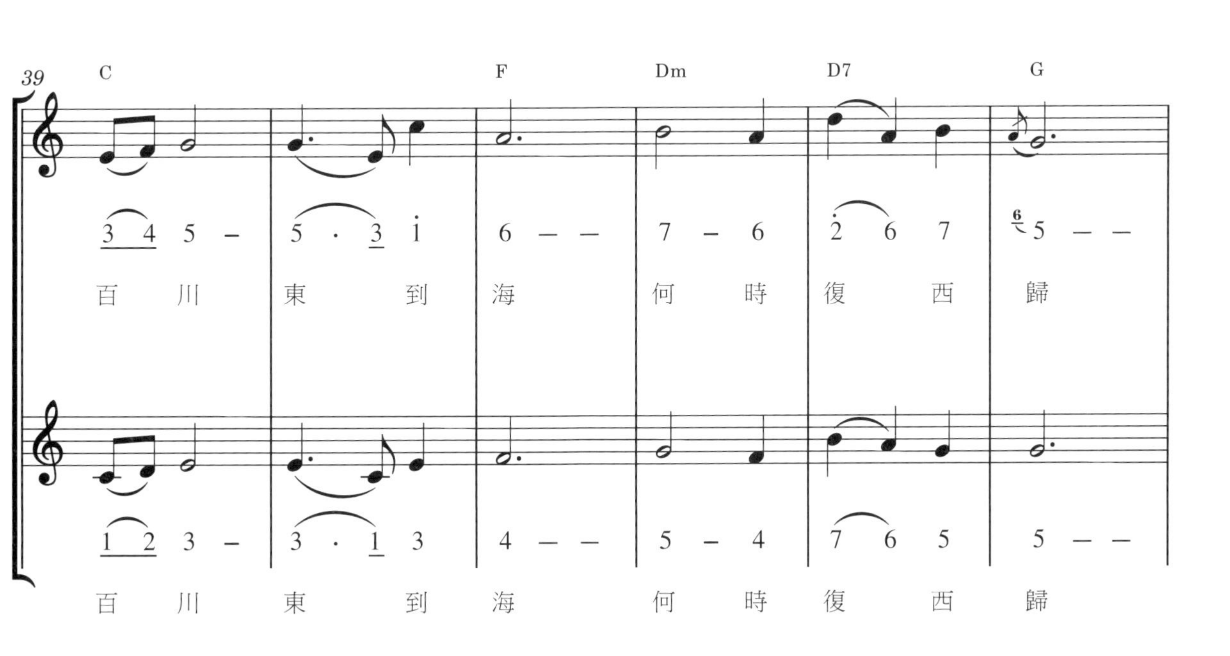
39
C
F
Dm
D7
G
百 川 東 到 海 何 時 復 西 歸
百 川 東 到 海 何 時 復 西 歸

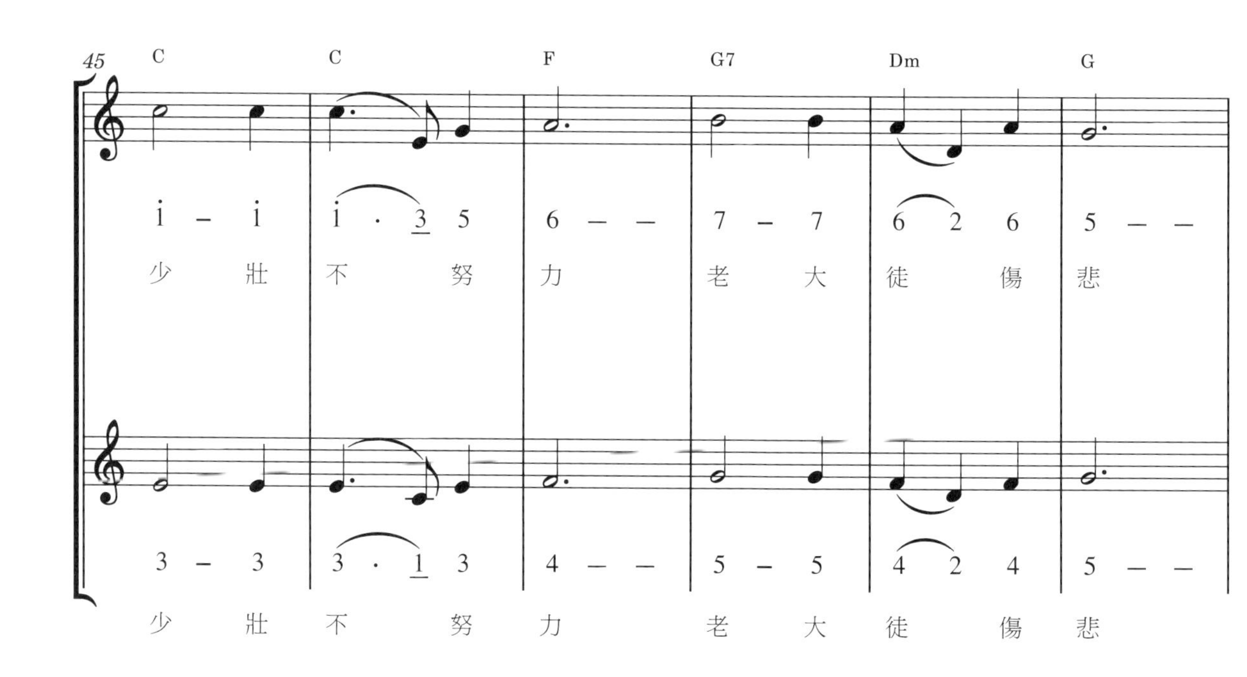
45
C C F G7 Dm G
1 – 1 | 1 · 3 5 | 6 – – | 7 – 7 | 6 2 6 | 5 – –
少壯不努力 老大徒傷悲
3 – 3 | 3 · 1 3 | 4 – – | 5 – 5 | 4 2 4 | 5 – –
少壯不努力 老大徒傷悲

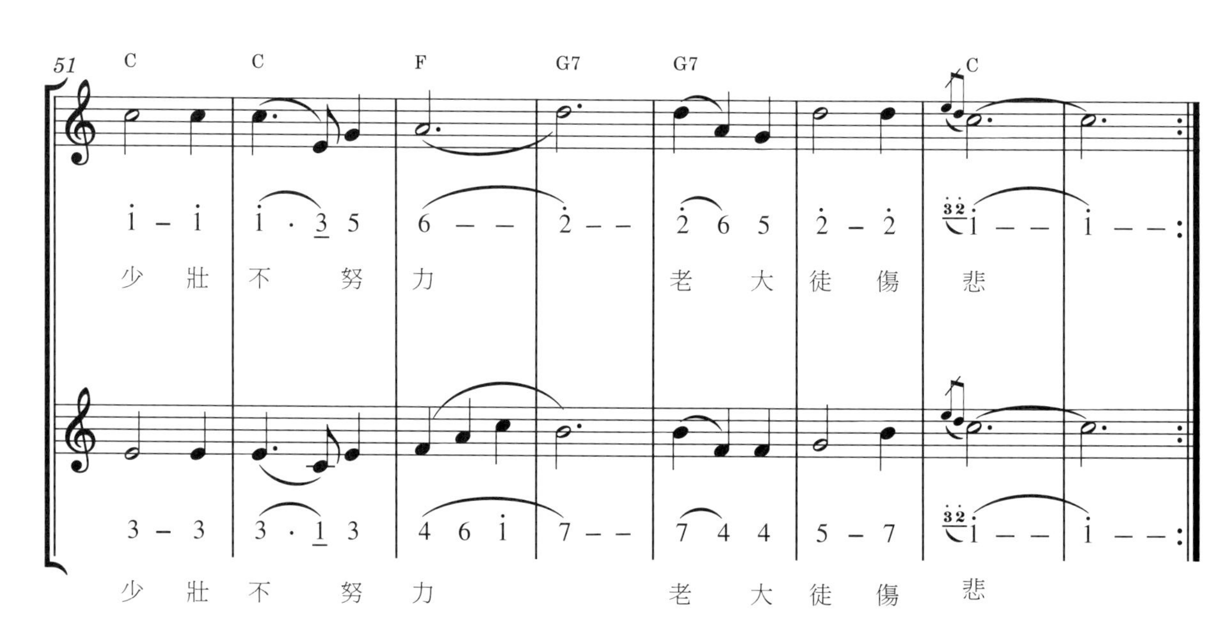
51
C C F G7 G7 C
1 – 1 | 1 · 3 5 | 6 – – | 2 – – | 2 6 5 | 2 – 2 | 32 1 – – | 1 – –
少壯不努力 老大徒傷悲
3 – 3 | 3 · 1 3 | 4 6 1 | 7 – – | 7 4 4 | 5 – 7 | 32 1 – – | 1 – –
少壯不努力 老大徒傷悲

長歌行　　漢樂府

青青園中葵，朝露待日晞。

陽春佈德澤，萬物生光輝。

常恐秋節至，焜黃華葉衰。

百川東到海，何時復西歸？

少壯不努力，老大徒傷悲！

賞樂知音

琴音跳盪，顆粒分明，你可聽到時間的腳步？

由近及遠，又由遠而近……

時間就像我們跳動的脈搏、起伏的呼吸，

一旦感受到了它，就越來越清晰、強烈。

葵菜迎著春陽生長，歌聲也如斯光明與燦爛，

隨之音轉蕭瑟，已見秋風枯黃了花葉，

哪有心緒傷春悲秋呢？又見百川滾滾、奔流到海！

時間的浪潮奔湧不息，直到發出最後一個高音的悲慨：

少壯不努力，老大徒傷悲呀！

跫音擊壤，敲響的是生命的警鐘！

高歌入雲，詠唱的是奮起的豪情。

青青園中葵，朝露待日晞。陽春
佈德澤，萬物生光輝。常恐秋節
至，焜黃華葉衰。百川東到海，何時
復西歸？少壯不努力，老大徒傷悲。

漢樂府長歌行　少時師長每以後二句相勉　白首讀誦
驚歎韶華易逝　此言洵不虛也　林隆達書

白話詩譯

看！園中充滿著生命活力的葵菜，正翹首等待朝陽的光熱，來蒸發他葉面的露珠，並帶給他生長的能量哩！是的，太陽是一切生命的成長之源；是他的德澤遍灑，才讓萬物得以欣欣向榮的啊！

所以葵菜也會非常珍惜這與時俱進的機遇，及時善用，認眞滋長。總怕因循耽誤，轉眼就到了肅殺的秋天，以致綠葉變黃，生機凋敝，白來了世間一場。

眞的，時光就像滾滾東流水，從不回頭。我們也要趁青春年少，及時努力，才能活出精彩人生。切莫蹉跎虛度，等年老力衰，一事無成，才回首前塵，懊悔莫名呀！

詩詞典故

最接地氣的詩歌：反映民間疾苦的樂府詩

「樂府」本指管理音樂的官府，起源於秦代，漢武帝時擴大規模，成立「樂府署」掌管俗樂，負責採集各地歌謠來配樂。漢武帝還任命李延年為「協律都尉」，負責管理樂府。李延年就是那位為漢武帝獻唱〈佳人曲〉的藝人：「北方有佳人，絕世而獨立，一顧傾人城，再顧傾人國，寧不知傾城與傾國，佳人難再得。」據說，在長公主幫助下，李延年成功地向武帝獻上了曲中的佳人——他的妹妹，後受封為李夫人，他也因此得到重用，得以掌管樂府。

由於採集民間歌辭，「樂府」一詞便成為民歌的代稱。一方面，漢朝樂府繼承了《詩經》現實主義的藝術傳統，並發展了敘事詩體，如著名的〈陌上桑〉描述權貴調戲民女的醜態，〈飲馬長城窟行〉描寫戰士艱苦的守邊生活，皆反映了「感於哀樂，緣事而發」的樂府詩精神。另一方面，它突破了《詩經》的四言句式，以字數不等的雜言為主，並逐漸趨向五言。

南北朝時期樂府詩發展至高峰，大家耳熟能詳的長篇敘事詩〈孔雀東南飛〉（講述一對恩愛夫妻因被拆散而雙雙殉情的悲劇故事），與〈木蘭詩〉（講女英雄木蘭代父從軍的傳奇故事），被後世稱為「樂府雙璧」。

古代樂府是合樂之詩，一般要根據詩題與樂曲格調來進行創作，詩題上有「歌、行、吟、曲、樂、弄、操、引、調」等字眼的往往是樂府詩。及至唐朝，李白集樂府詩之大成，有〈蜀道難〉〈將進酒〉〈戰城南〉等諸多名篇，多繼承古題；而杜甫率先創作新題樂府，擺脫了詩題與曲調的限制，如著名的〈麗人行〉〈兵車行〉、「三吏」、「三別」等。　【編按】

⊙ 本單元插圖出自：夏祖明〈板橋道情〉〈採菊東籬〉

只有香如故

南宋愛國詩人　陸游

當深邃的心靈難以表述，隱蔽的思緒無法直言，

詩人便將目光投向外在世界的一花一草、一品一物，

見之如我，感之如我，思之如我。

在南宋詩人陸游眼中，一株野梅成了自我寫照。

野梅開處，驛外斷橋，不羡慕那雕欄玉砌，

野梅開時，孤芳自守，不苟同於浮花浪蕊，

即便零落成泥，我自傲骨嶙峋，花香如故。

只有香如故

詞：陸　游

曲：王守潔

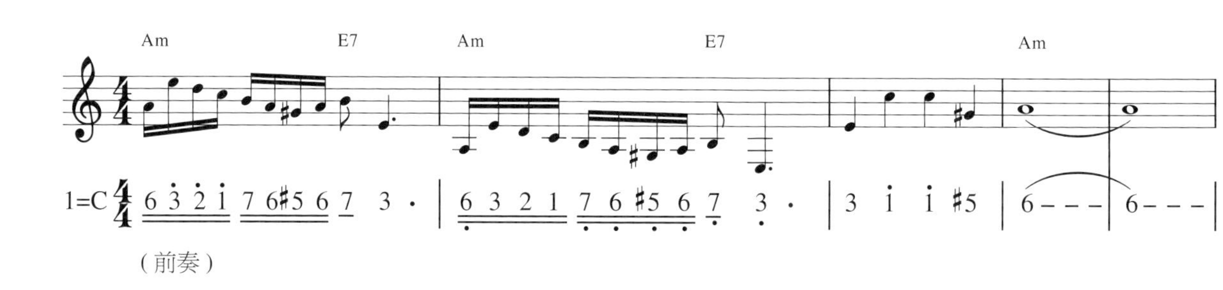

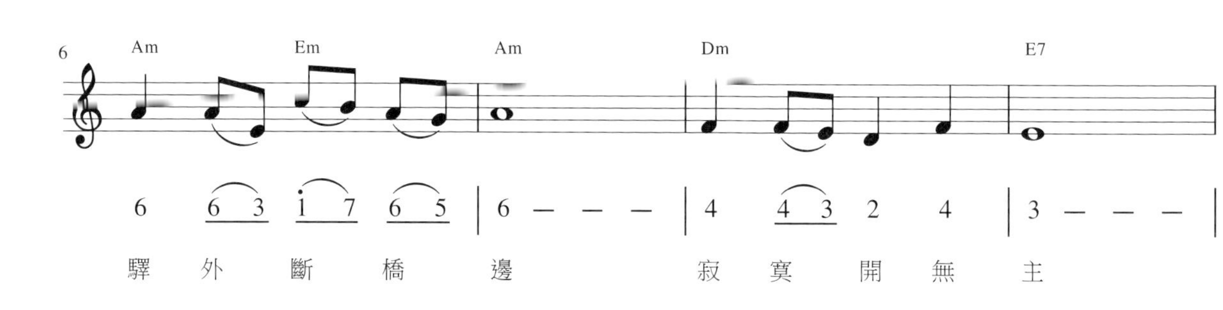

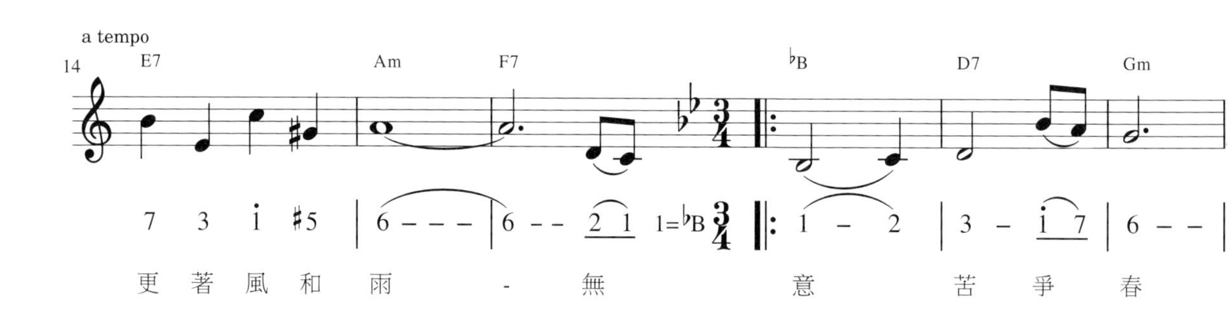

歌曲聆賞

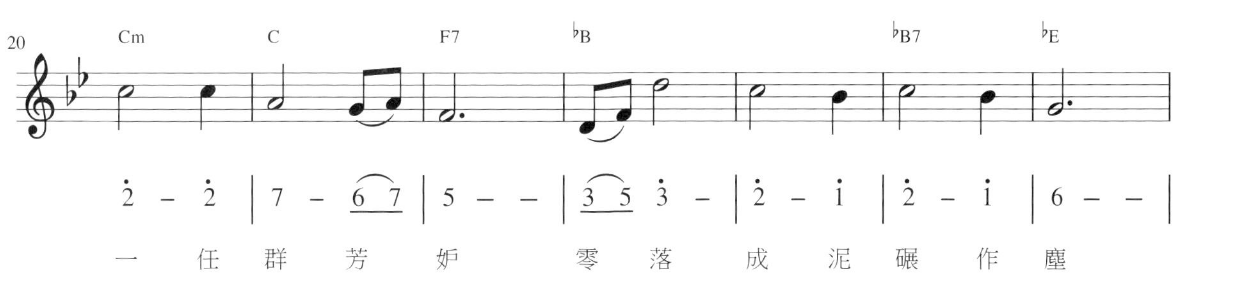
20
Cm
C
F7
♭B
♭B7
♭E
一任群芳妒
零落成泥碾作塵

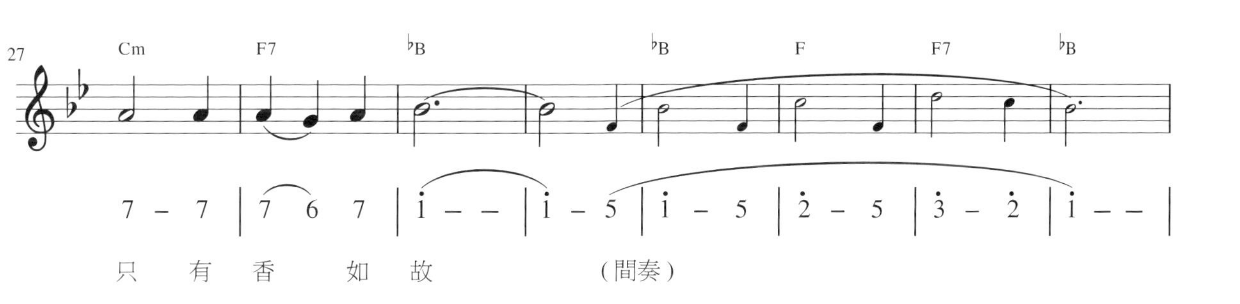
27
Cm
F7
♭B
♭B
F
F7
♭B
只有香如故
（間奏）

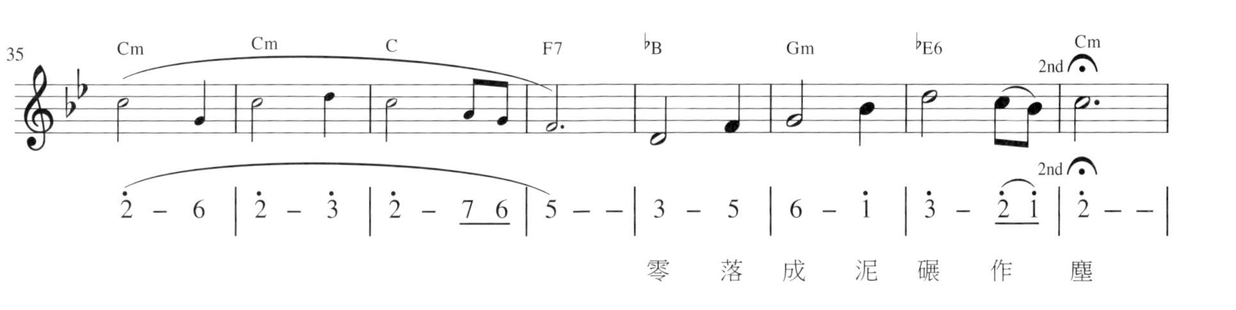
35
Cm
Cm
C
F7
♭B
Gm
♭E6
Cm
2nd
零落成泥碾作塵

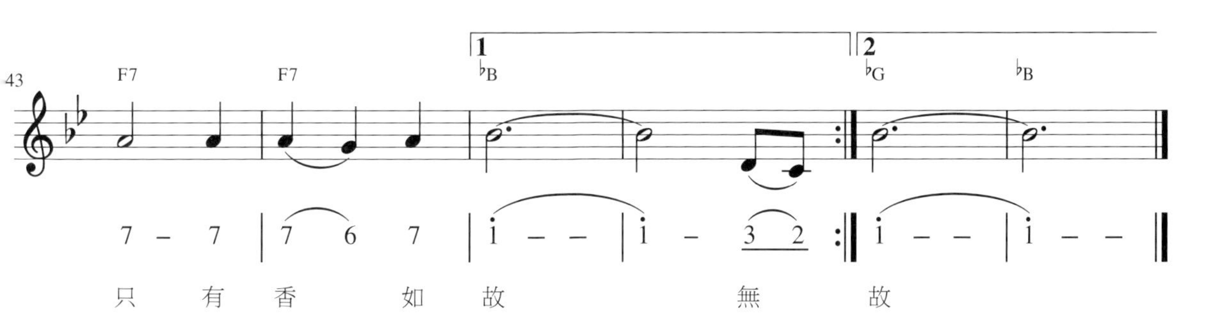
43
F7
F7
1
♭B
2
♭G
♭B
只有香如故
無故

卜算子・詠梅　　宋 / 陸　游

驛外斷橋邊，寂寞開無主。

已是黃昏獨自愁，更著風和雨。

無意苦爭春，一任群芳妒。

零落成泥碾作塵，只有香如故。

賞樂知音

低沉緩慢的樂音輕踏而來，一如詞裡的風雨黃昏。

音樂可以如此幽靜、迷離，如夢似囈，

或許是因爲前段用了較多的7音與4音吧!

在五聲音階爲主的民族音樂調式裡，

這兩個偏音特別有一股淒迷的韻味。

第二段起轉調，樂音中昇起一股復甦的力量，

梅花傲雪凌霜而開，意不在爭春鬥豔，

既胸懷坦蕩，又何懼百花妒忌、車輪輾壓？

「零落成泥碾作塵，只有香如故。」

複沓的旋律，嗚嗚然的長嘆，緩吐出生命的抉擇，

當樂音漸漸飄遠，便宛如一個精神至美的嘆息。

驛外斷橋邊寂寞開無主已
是黃昏獨自愁更著風和雨無
意苦爭春一任羣芳妒零落
成泥碾作塵只有香如故

陸放翁卜算子詠梅　林隆達書

白話詩譯

一朵寒梅，就在熱鬧的驛站外，已頹敗荒廢沒人走的斷橋邊，自顧自地開放了，儘管沒人留意更沒人照顧。這時已近黃昏，梅花的寂寞可想而知，卻不料還要承受驟然而來的狂風急雨的摧殘……

試問梅花爲什麼會遭逢如此噩運呢？無非是他爲了報春，開得太早，遂招惹了百花的嫉妒。梅花其實並沒有處心積慮要搶先開放，他只是將他對天候的敏感如實呈現罷了！若竟因此招忌，又有什麼辦法？也就只好隨他們去罷！

其實梅花自有他永恆自守的堅貞，就算橫受更大的傷害：花朵飄零了！落地腐爛了！乃至被碾碎爲塵土了！他的淸香都是永遠依然，不會改變的。

詩詞典故

以梅喻志，愛梅成癡，史上最需要金箍棒的詩人……

南宋愛國詩人陸游一生酷愛梅花，寫有大量詠梅詩作、詞作。詩人筆下的梅花形象，往往是他自身的寫照，代表的是即便失意困頓卻依然堅強無畏的英雄志士形象。北宋為金兵所滅，宋朝政權往南遷移，成為偏安江南的局面，史稱南宋。陸游主張堅決抗金、收復中原，卻爲統治集團中求和派所壓制，一生累遭打擊而報國之志不衰，正如梅花傲雪凌霜、不畏強權、不羨富貴、孤芳自賞。

陸游的〈卜算子．詠梅〉，在眾多文人詠梅詩詞中別開生面，特別凸顯梅花（同時也是詩人自己）的錚錚傲骨。陸游另有一首〈落梅〉詩表達了更強烈的心志，除了讚美梅花不畏風雪之外，還寫梅花恥於向東君（即司春之神）乞求延長花期，時節過了它就飄零而去，不與百花爭春鬥豔，也不妨礙百花盛開。然而回首嚴冬冰寒之地，是誰扭轉乾坤氣象，將春天帶回人間呢？正是梅花呀！全詩如下：

雪虐風饕愈凜然，花中氣節最高堅。過時自合飄零去，恥向東君更乞憐。醉折殘梅一兩枝，不妨桃李自逢時。向來冰雪凝嚴地，力斡春回竟是誰？

陸游晚年有一奇特詩句：「何方可化身千億，一樹梅花一放翁。」原來有一天，他遠望四周漫山遍野的梅花樹，愛梅愛到極致的他盼望自己化身千萬億個，好讓每一株梅樹前都站著一個陸游，每一個陸游都可以好好欣賞每一株梅樹。癡迷之情淋漓盡致，其想像已入神奇幻境，看來史上最需要金箍棒的詩人就是他了！【編按】

⊙ 本單元插圖出自：楚戈〈花影〉〈獨來溪上坐〉

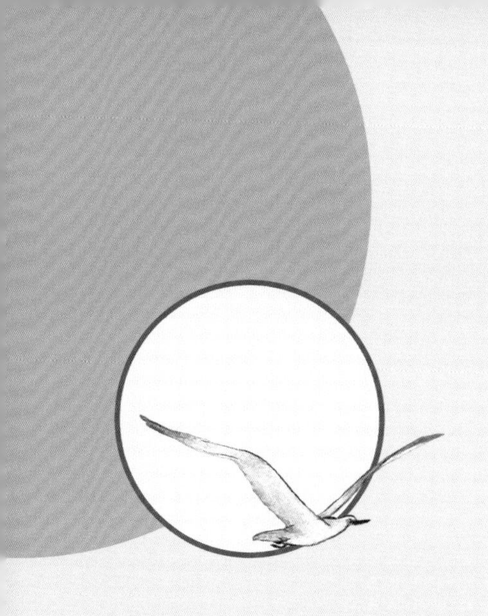

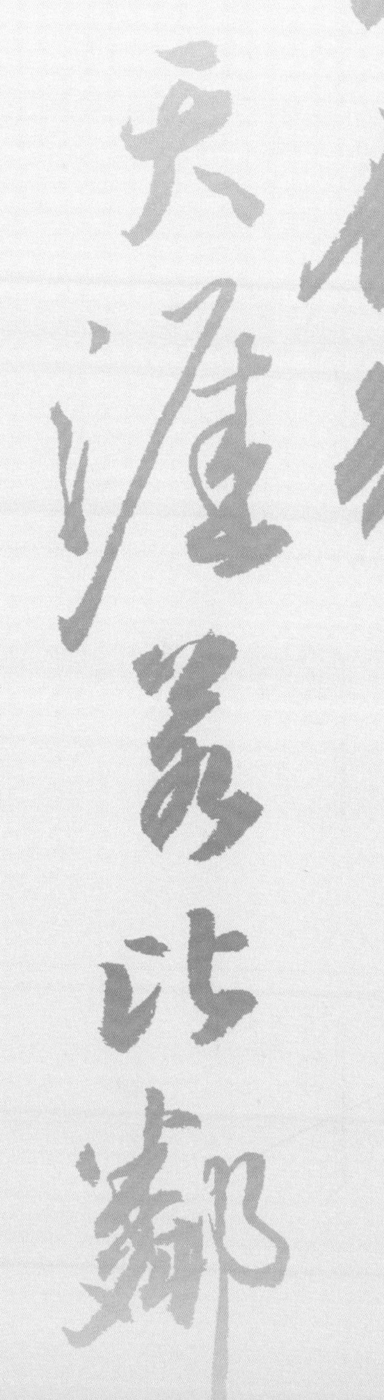

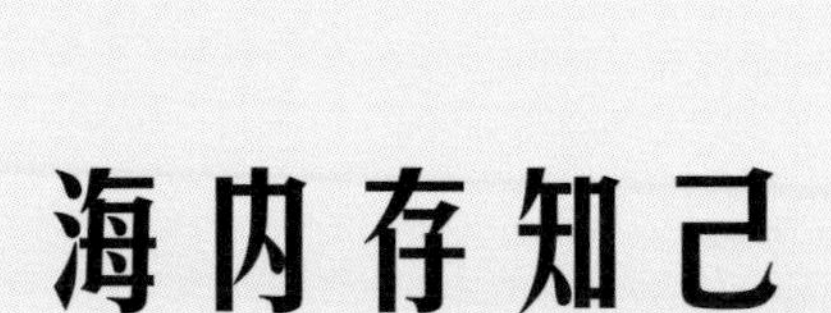

海內存知己

「初唐四傑」之首　王勃

送別時我望著你的眼睛，送別後我望著天涯，

不學那兒女情長，徒自淚灑衣襟、黯然神傷，

因為你正擔負著理想奔赴遠方。

送別時我望著你的眼睛，送別後我望著天涯，

相知便是最好的祝福，此情長記，千里咫尺，

將思念煨在溫熱的心上。

海內存知己

詞：王　勃

曲：王守潔

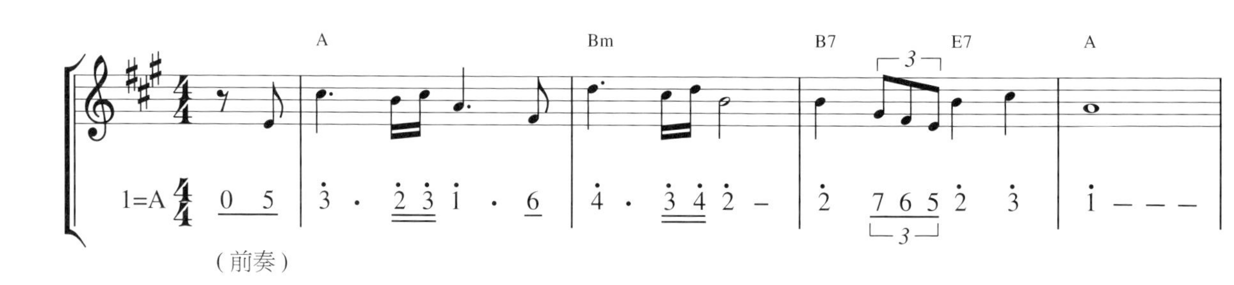

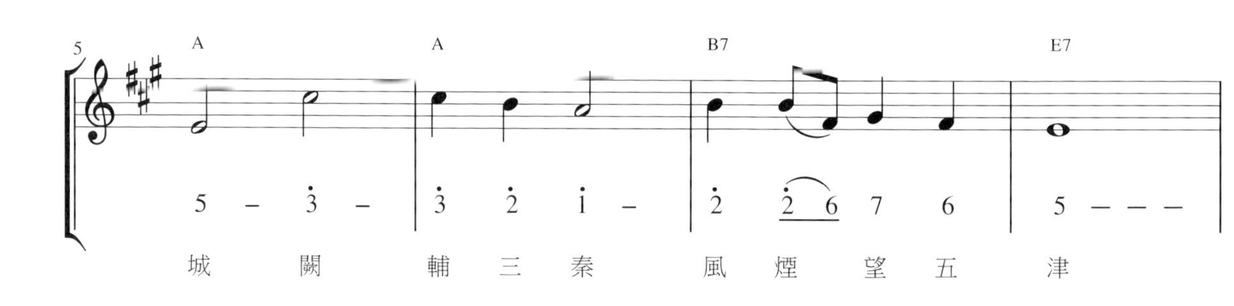

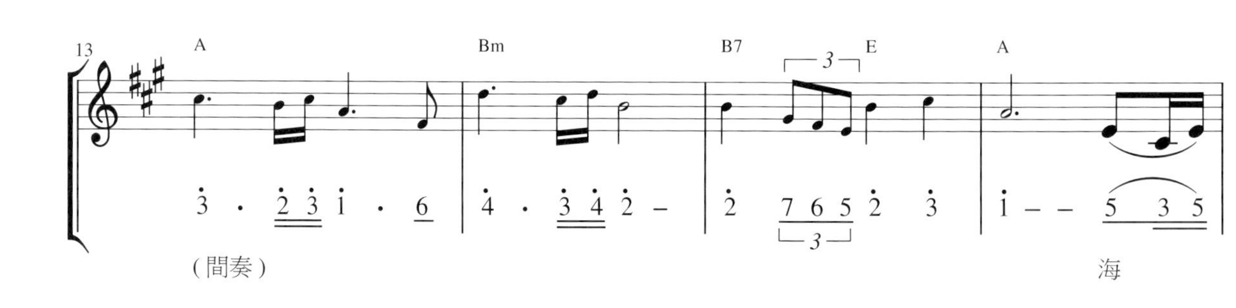

合唱版聆賞

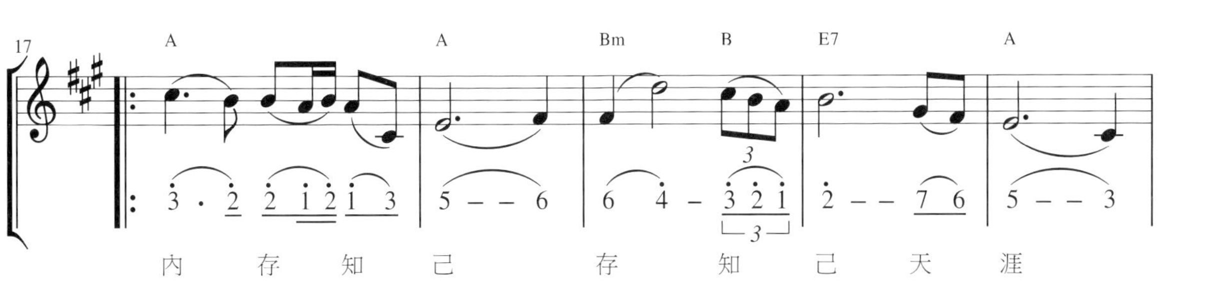
17
A A Bm B E7 A
內 存 知 己 存 知 己 天 涯

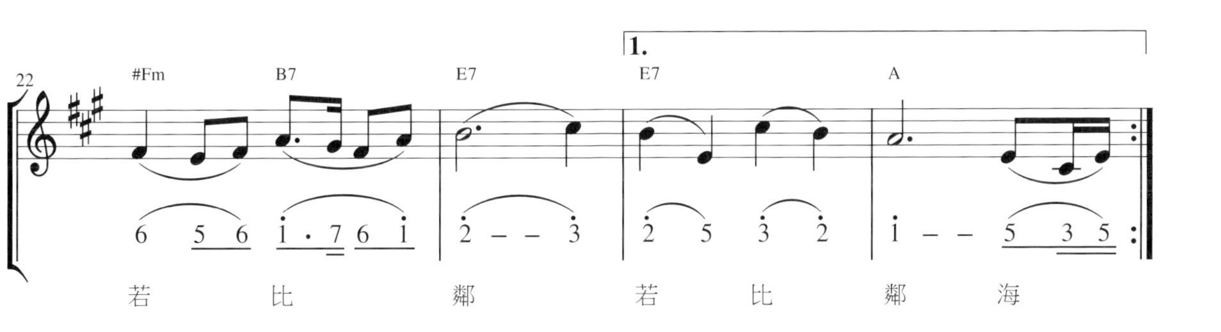
22
#Fm B7 E7 1. E7 A
若 比 鄰 若 比 鄰 海

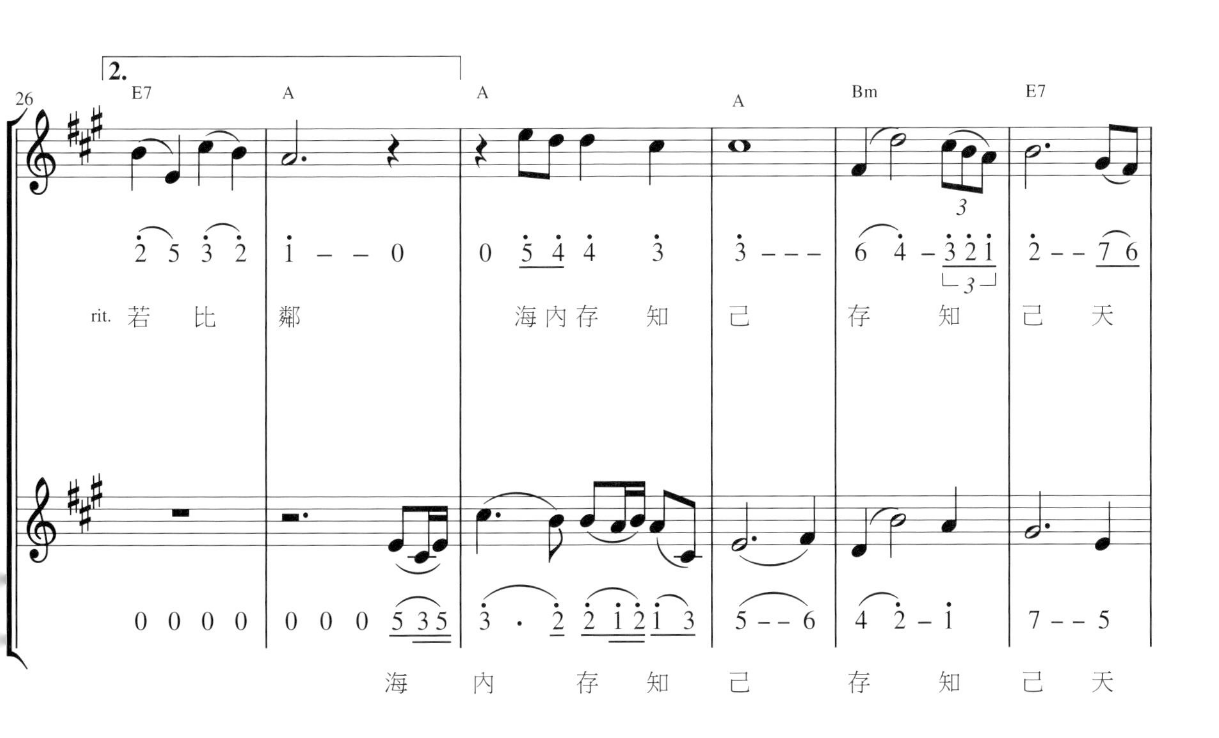
26
2. E7 A A A Bm E7
rit. 若 比 鄰 海內存 知 己 存 知 己 天
海 內 存 知 己 存 知 己 天

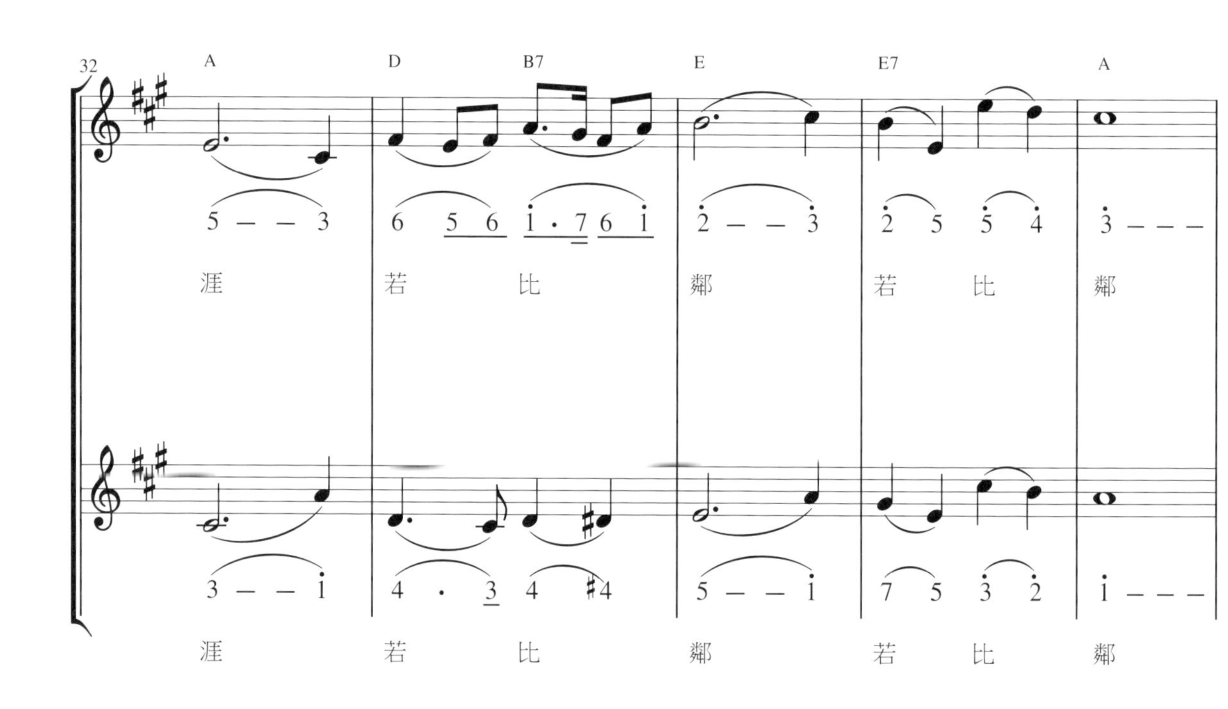
32
A D B7 E E7 A
涯 若 比 鄰 若 比 鄰
涯 若 比 鄰 若 比 鄰

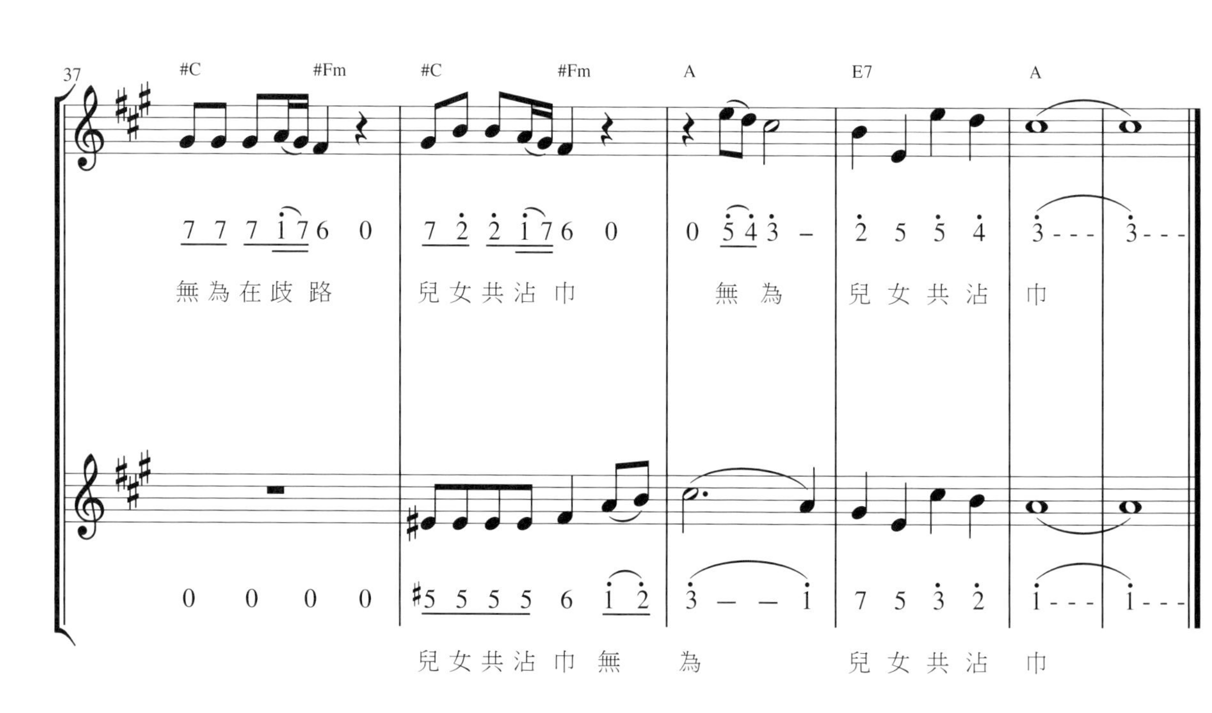
37
#C #Fm #C #Fm A E7 A
無為在歧路 兒女共沾巾 無 為 兒 女 共 沾 巾
兒 女 共 沾 巾 無 為 兒 女 共 沾 巾

送杜少府之任蜀州　唐/王　勃

城闕輔三秦，風煙望五津。

與君離別意，同是宦遊人。

海內存知己，天涯若比鄰。

無為在歧路，兒女共沾巾。

賞樂知音

一首與衆不同的送別詩，需要與衆不同的音樂詮釋，

王勃詩作情深而語壯，一洗送別詩的悲傷苦悶，

與之呼應的是，樂曲一開始便現出磅礡氣象。

首二句，我們從長安望向風煙迷濛的蜀地，

再二句，雖說離別，不過是在不同地方為國家做事，

旋律厚重而古意，展開一片雄渾開闊的意境。

到了詩作名句「海內存知己，天涯若比鄰」，

樂曲在此重複，多聲部合唱再現了情感的澎湃，

因為心意相通，就算你在海角天涯也彷彿就在眼前呢！

末二句音樂調性轉變，從大調轉小調，

彷彿摯友低聲殷切的囑咐：臨別不必悲傷啊！

城闕輔三秦風煙望五津
與君離別意同是宦遊人海
內存知己天涯若比鄰無為
在歧路兒女共沾巾

唐王勃送杜少府之任蜀州 林隆達

白話詩譯

今天，我們來到雄踞一方，護衛三秦的長安城外；遠望甚至可以想見你即將赴任的蜀州的風土人情哩！若非懷著送別的愁緒，這裡還眞是登高覽勝的好地方。原來我們都是身不由己，經常被到處調動的公務員；所以才會剛歡然偶遇，轉眼又得遺憾分離。

但其實我們若肯定人性普遍的眞誠，相信那一度發生的知己情誼，永遠都在人間不會消失；那麼即使身各一方，我們的心還是依然貼近。因此，也就不必像世間癡兒女那樣，在分別的三岔路口，哭得唏哩嘩啦了罷！

詩詞典故

在別人宴會上搶鋒頭，〈滕王閣序〉的驚豔之才……

王勃是初唐文學家，與楊炯、盧照鄰、駱賓王共稱「初唐四傑」，而王勃被推為四傑之首。他擅長五律、五絕，明代胡應麟評其五律「興象婉然，氣骨蒼然」，五絕「舒寫悲涼，洗削流調」，讚其為唐人開山祖。

王勃另寫有駢文名篇〈滕王閣序〉，這篇文章的出現卻是個意外。當時王勃路過洪州（江西南昌）時，趕上參加洪州都督閻伯嶼在滕王閣舉行的一次盛大宴會。滕王閣始建於唐永徽四年，乃唐高祖李淵之子李元嬰任洪州都督時所建，由於李元嬰封號為「滕王」，故名滕王閣。建成後二十多年，閻伯嶼首次重修滕王閣，聚集文人雅士作文紀事。唐末王定保的《唐摭言》有一段生動的記載，原來閻公本意是想讓他的女婿孟學士作序以彰顯名氣，不料在假意謙讓時，王勃卻提筆就作。閻公因此憤然離席。

閻公心中不平，至配室更衣，由專人伺候王勃下筆，交代將王勃下筆文句隨時報與他聽。初聞「南昌故郡，洪都新府」，閻公覺得只是老生常談；又聞「星分翼軫，地接衡廬」，閻公聽了沈吟不言；及至「落霞與孤鶩齊飛，秋水共長天一色」一句，乃大驚：「此真天才，當垂不朽矣！」內心激賞的他趕忙走出來，站在王勃身側觀看，後以盛情款待王勃，賓主盡歡。　【編按】

⊙ 本單元插圖出自：林章湖〈東坡〉〈徐渭〉〈留住傘洲〉

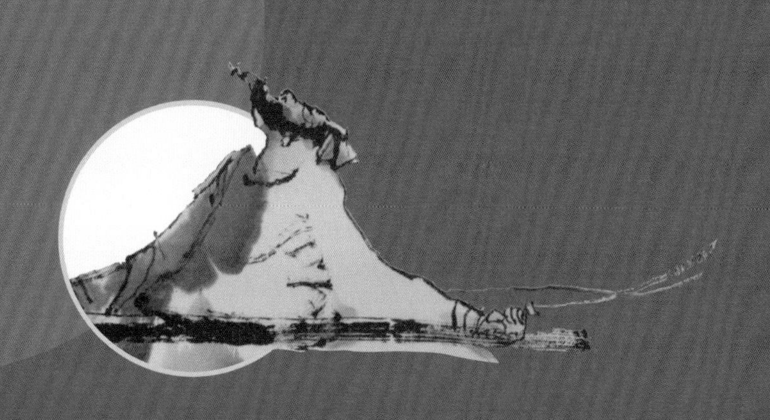

短歌行

漢末建安文學倡導者　曹操

慷慨激昂時，當擊筑唱漢高祖〈大風歌〉：

大風起兮雲飛揚，威加海內兮歸故鄉！

沉鬱頓挫時，當擊節詠曹孟德〈短歌行〉：

對酒當歌，人生幾何！譬如朝露，去日苦多。

正因人生苦短，好男兒當及時選擇明主、施展抱負呀！

這麼一首氣魄雄渾、古樸悲涼、情深意重的詩作，

成了最有感染力的求賢之歌。

短歌行

詞：曹　操

曲：王守潔

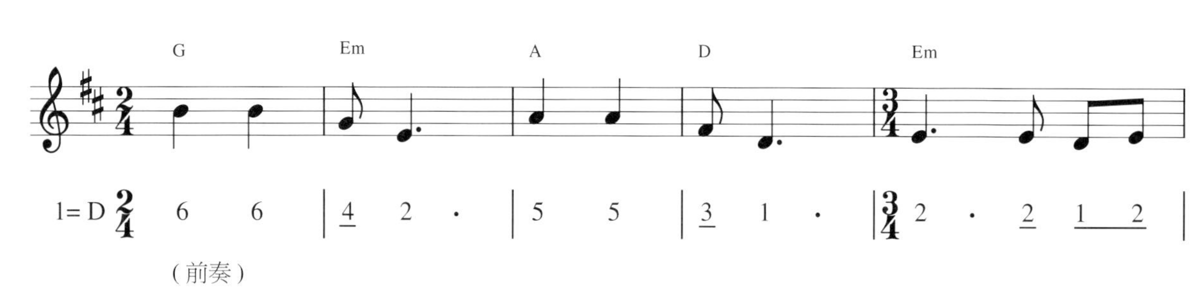
G Em A D Em
1= D 2/4 6 6 | 4 2 · | 5 5 | 3 1 · | 3/4 2 · 2 1 2 |
(前奏)

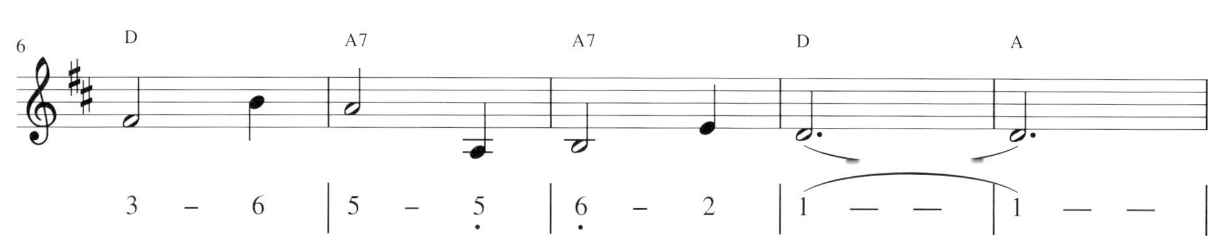
6
D A7 A7 D A
3 – 6 | 5 – 5 | 6 – 2 | 1 — — | 1 — — |

11
D D D Bm Em A
5 – 3 | 5 – 6 | 5 — — | 5 — — | 1 – 7 | 6 – 1 | 5 — — | 5 — — |
對 酒 當 歌 人 生 幾 何
青 青 子 衿 悠 悠 我 心
明 明 如 月 何 時 可 掇
月 明 星 稀 烏 鵲 南 飛

19
G D Em A7 D
6 5 6 | 5 – 3 | 2 — — | 2 — — | 2 – 5 | 6 – 2 | 1 — — | 1 — — |
譬 如 朝 露 去 日 苦 多
但 為 君 故 沉 吟 至 今
憂 從 中 來 不 可 斷 絕
繞 樹 三 匝 何 枝 可 依

合唱版聆賞

27
G Em A7 D
6 6 | 4 2 · | 5 5 | 3 1 · |
慨 當 以 慷 憂 思 難 忘
呦 呦 鹿 鳴 食 野 之 苹
越 陌 度 阡 枉 用 相 存
山 不 厭 高 海 不 厭 深
31
Dm D A A7 D
2 · 2 1 2 | 3 – 6 | 5 – 5 | 6 – 2 | 1 – – | 1 – – ||
何 以 解 憂 唯 有 杜 康
我 有 嘉 賓 鼓 瑟 吹 笙
契 闊 談 宴 心 念 舊 恩
周 公 吐 哺 天 下 歸 心

短歌行

魏晉 / 曹　操

對酒當歌，人生幾何！譬如朝露，去日苦多。

慨當以慷，憂思難忘。何以解憂？唯有杜康。

青青子衿，悠悠我心。但爲君故，沉吟至今。

呦呦鹿鳴，食野之苹。我有嘉賓，鼓瑟吹笙。

明明如月，何時可掇？憂從中來，不可斷絕。

越陌度阡，枉用相存。契闊談宴，心念舊恩。

月明星稀，烏鵲南飛。繞樹三匝，何枝可依？

山不厭高，海不厭深。周公吐哺，天下歸心。

賞樂知音

鏗鏘有力的前奏，彷彿將每個樂音都敲擊到地上，

進行曲的澎湃氣勢從一開始便席捲而來。

短歌行共四段詩歌，每段八句，每句四字，

語言簡練質樸，全詩有著複沓、整飭的形式之美。

作曲家將同樣句式賦予旋律與音韻的變化，

以彰顯詩歌文字深處的情感內涵。

由此，每段前四句抒情，低迴縈繞，深情綿長，

後四句勵志，慷慨激昂，擲地有聲。

節拍從三四拍轉二四拍，對比鮮明而有力，

使得曲風抑揚頓挫，跌宕起伏，

展現一代雄主內心求賢若渴的沉雄心境。

對酒當歌人生幾何譬如朝露去日苦多慨當以慷
憂思難忘何以解憂唯有杜康青青子衿悠悠我心
但為君故沉吟至今呦呦鹿鳴食野之苹我有嘉賓鼓
瑟吹笙明明如月何時可掇憂從中來不可斷絕越
陌度阡枉用相存契闊談宴心念舊恩月明星稀
烏鵲南飛繞樹三匝何枝可依山不厭高海不厭
深周公吐哺天下歸心

曹孟德短歌行 林隆達

白話詩譯

當我手擎酒杯，這時最適合做的事就是高歌罷！因爲人生短暫如朝露，太陽出來就蒸發了！留下的卻只是揮之不去的煩惱。當胸中盈溢著無邊感慨，能化解的也只有美酒罷！

試問我的滿腔愁懷是從那裡來的呢？無非是心有平天下的壯志，卻人才不來。才讓我猶豫至今，難以振臂向前的呀！其實我是有滿懷情意，豐美禮節，準備好好款待每一位嘉賓的。

但時勢如此，我高懸如明月的遠大理想，畢竟要等到什麼時候才能實現呢？這才是我內心深處，憂思不斷的眞正原因所在呀！我不免遐想有一天，我的好朋友們都能從四方八面前來相聚，放懷高論，盡興飲酒，一敍這千古豪情呢！

但現實情勢仍是如此混沌不明，人才依然四方流散，找不到可以放心託付的明主。但願我的一片赤誠，高遠理想，能像周公一樣感召天下賢士來歸；好萬衆一心，共創一番盛世的人文好風景啊！

詩詞典故

這位梟雄用兵有一手，用典也有一手……

〈短歌行〉是漢樂府舊題，曹操的這首〈短歌行〉乃擬樂府之作，語言古樸、情調悲壯，是四言詩中傑作。四言詩自《詩經》之後已見衰落，但曹操卻繼承國風和小雅的傳統，反映現實，抒發情感。在詩的語言方面，曹操還善用比興與典故。

如「青青子衿，悠悠我心」出自《詩經．鄭風．子衿》，原詩寫一個姑娘在思念她的愛人：你那青青的衣領啊，深深縈迴在我的心間。曹操以此比喻對「賢才」的思念，而且他巧妙地暗示了「青青子衿，悠悠我心」後面的兩句：「縱我不往，子寧不嗣音？」（雖然我不能去找你，你爲什麼不主動給我音信？）含蓄地提醒天下人才主動前來投奔。

「呦呦鹿鳴，食野之苹。我有嘉賓，鼓瑟吹笙。」這四句出自《詩經．小雅．鹿鳴》，描寫賓主歡宴的情景，形象地表達若有賢才歸附，定以「嘉賓」之禮款待。

「山不厭高，海不厭深」二句，比喻明主胸懷寬廣，人才多多益善。借用《管子．行勢解》裡的文句：「海不辭水，故能成其大。山不辭土石，故能成其高。明主不厭人，故能成其眾。」意思是曹操並沒有徵才人數的限制，只要有才學能力，全都歡迎。

「周公吐哺」的典故則出於《韓詩外傳》，據說周公自言「一沐三握髮，一飯三吐哺，猶恐失天下之士」，周公爲了接待天下之士，有時洗一次頭，吃一頓飯，都曾中斷數次。這便是曹操自比為周公，立志將勤勉施政、善待人才的承諾了。

曹操用典如神，這首〈短歌行〉可以說是最高明的「求賢令」了。　【編按】

⊙ 本單元插圖出自：許文厚〈曲高和寡〉〈風瀟瀟〉

陋室銘

中唐「詩豪」　劉禹錫

多少士子在書中夢想著「黃金屋」與「顏如玉」，

卻有人偏偏為陋室作了一篇頌讚的銘文。

以居室之陋反襯品德之高、生活之雅、志向之遠，

頗富自得之意，至少也是一種精神勝利感吧。

當我們身處窮困之境，不妨吟誦一番，

心境便有了神仙的逍遙與龍鳳的靈氣。

陋室銘

詞：劉禹錫

曲：王守潔

緩慢地 敘述地

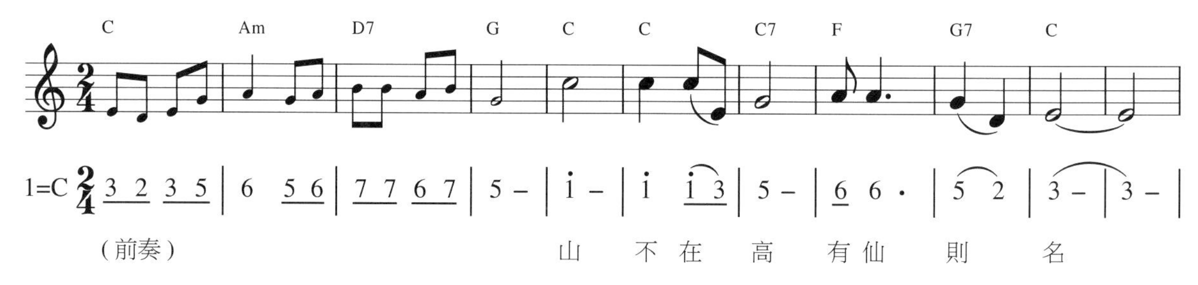

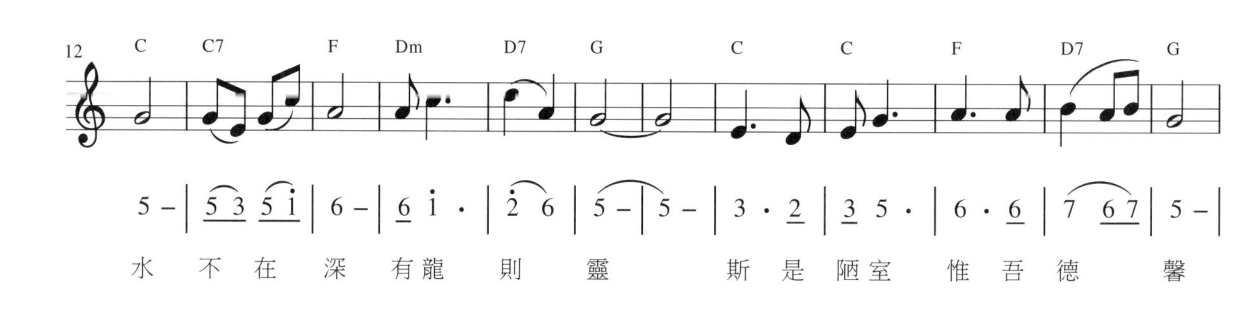

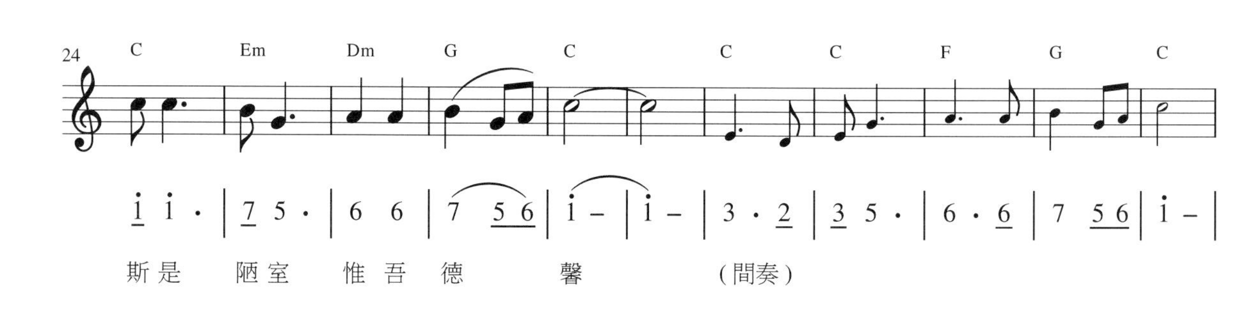

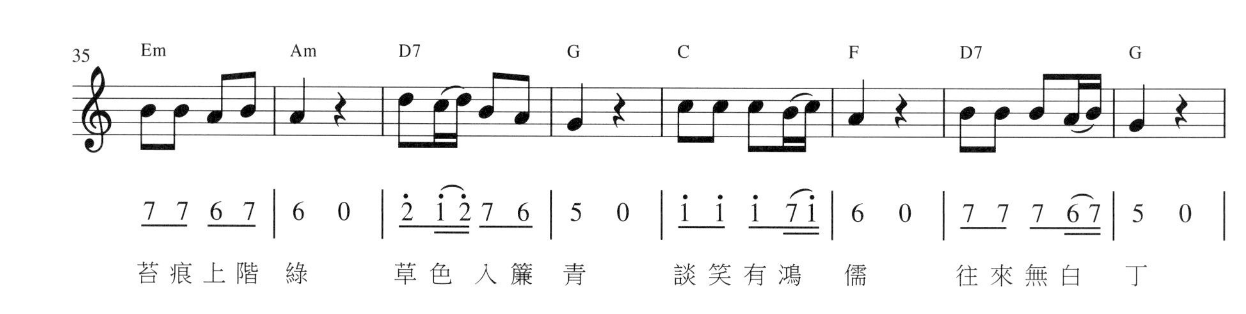

歌曲聆賞

43
C G C Am Am D7 G
可以調素琴閱金經 無絲竹之亂耳 無案牘之勞形

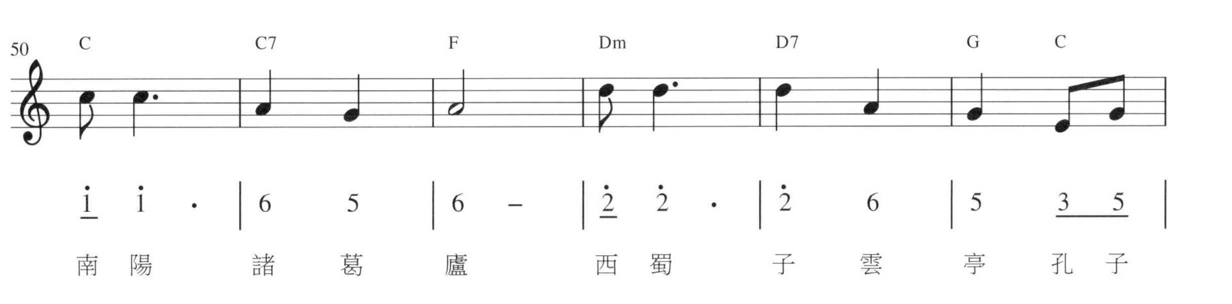
50
C C7 F Dm D7 G C
南陽諸葛廬 西蜀子雲亭 孔子

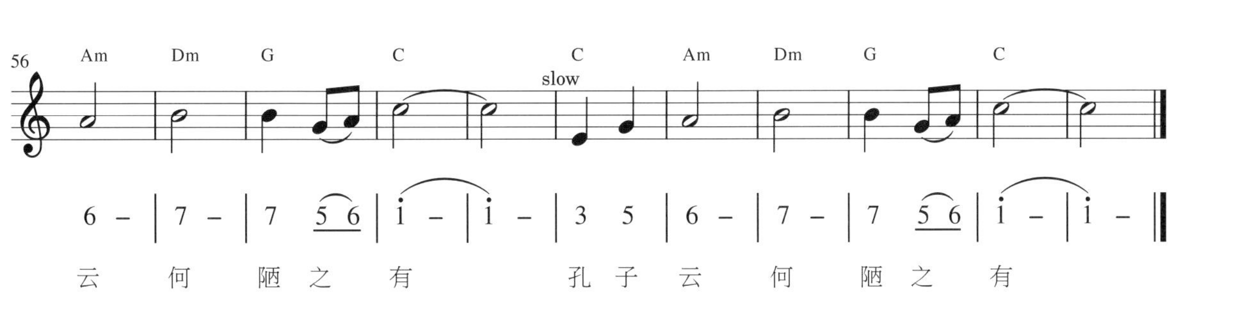
56
Am Dm G C C Am Dm G C
slow
云何陋之有 孔子云何陋之有

陋室銘　唐／劉禹錫

山不在高，有仙則名。水不在深，有龍則靈。

斯是陋室，惟吾德馨。苔痕上階綠，草色入簾青。

談笑有鴻儒，往來無白丁。可以調素琴，閱金經。

無絲竹之亂耳，無案牘之勞形。

南陽諸葛廬，西蜀子雲亭。

孔子云：何陋之有？

賞樂知音

旋律若迂迴綿長則易抒情，若簡潔俐落則顯爽朗，

〈陋室銘〉就被譜成了一首明朗爽利的歌曲。

作爲知名駢文，文中有豐富的排比句式，

想像舊時兒童朗誦此文，隨著音韻搖頭晃腦，

作曲家便將朗讀的節奏感、搖晃感展現在音樂中。

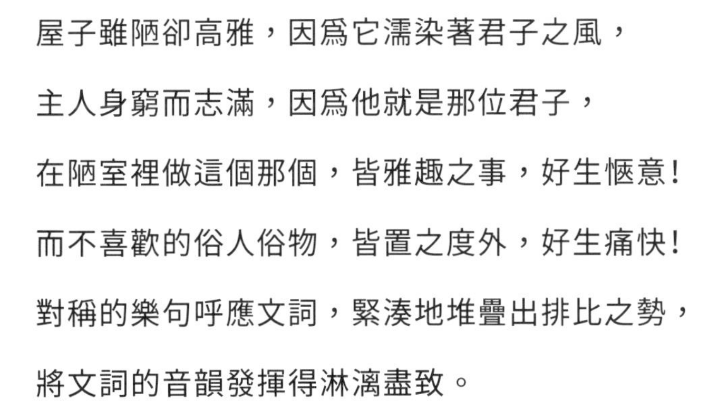

屋子雖陋卻高雅，因爲它濡染著君子之風，

主人身窮而志滿，因爲他就是那位君子，

在陋室裡做這個那個，皆雅趣之事，好生愜意！

而不喜歡的俗人俗物，皆置之度外，好生痛快！

對稱的樂句呼應文詞，緊湊地堆疊出排比之勢，

將文詞的音韻發揮得淋漓盡致。

山不在高有仙則名水不在深有龍則靈
斯是陋室惟吾德馨苔痕上階綠草色
入簾青談笑有鴻儒往來無白丁可以
調素琴閱金經無絲竹之亂耳無案牘
之勞形南陽諸葛廬西蜀子雲亭孔子云
何陋之有

唐劉禹錫陋室銘　林隆達

白話詩譯

山不必高，有仙人棲身就是名山；水也不必深，有神龍出沒就是靈淵。同樣的，我這處居室雖然簡陋，但就因爲充滿著人文氣息的緣故，而自有他的芬芳。

就先從他的自然景色說起罷：儘管只是很普通的青草蘚苔，也因映照著雅緻的竹簾石階而相得益彰了！當然更重要的是人文氣息：此處經常有淵博的儒者聚而論道，就是其他出入來往的人也都器宇軒昂，絶無粗鄙。大家有時候也會閒適地撫弄古琴（而不是徒亂耳目的俗樂），更多的是莊重地閱讀經典（而不是辦那無聊的公文）。

這清雅的所在，就像當年諸葛亮在南陽高臥的草廬，或者楊雄在四川容身的居室（後人改建爲涼亭以資紀念）。正如孔子所說：只要有君子住在這裏，房子簡陋又有什麼關係呢？

詩詞典故

越挫越勇，唐朝激怒文與諷刺詩的高手……

據說，劉禹錫被貶和州時，知縣瞧不起他，安排他住在縣城南門外臨江三間小屋中，劉禹錫寫了一副對聯：「面對大江觀白帆，身在和州思爭辯。」此舉氣惱了知縣，將他的住所調到北門德勝河邊，且房子縮小一半。劉又寫一副對聯：「楊柳青青江水邊，人在歷陽心在京。」表達身處逆境仍心繫天下的大志。知縣見他仍悠然自得，最後將他的住房調到城中一間僅容一床一桌一椅的小屋。劉便憤然提筆寫下〈陋室銘〉，請人刻石立在門前。

劉禹錫經歷23年的貶謫生涯，多與黨爭有關，他一生創作不少諷刺詩，表達對朝廷權貴的不滿。流放十年被召回京，便寫下戲贈看花諸君子的詩：「紫陌紅塵拂面來，無人不道看花回。玄都觀裡桃千樹，盡是劉郎去後栽。」言外之意是，我劉禹錫被貶，你們這些人才有機會升官。諷刺詩得罪了權相武元衡，劉再度被貶，此後出任各州刺史。

歷經滄桑的劉禹錫57歲奉召回京，又寫下一首〈再遊玄都觀〉：「百畝庭中半是苔，桃花淨盡菜花開。種桃道士歸何處？前度劉郎今又來。」言外之意是，朝中官員有一半都是廢物（苔），上一批得勢的人已經被清算光了（桃花），只剩下趨炎附勢之輩（菜花）。曾經煊赫一時的武元衡已經過世了（種桃道士），瞧，我被貶又回來京城了！由此可見劉禹錫越挫越勇的好鬥性格。　【編按】

⊙ 本單元插圖出自：陳朝寶〈江湖人生〉〈江山〉

相思無盡

入了這道相思門，
思念如滄海水廣，巫山雲深；
情愁似春蠶到死，蠟炬成灰。
恨離鸞別鳳，山盟雖在情難託；
憐烽火情人，折柳年年贈離別。
縱然身隔雲山遙遠，
但願心共明月嬋娟。

插圖出自：穆賽〈浣溪紗〉

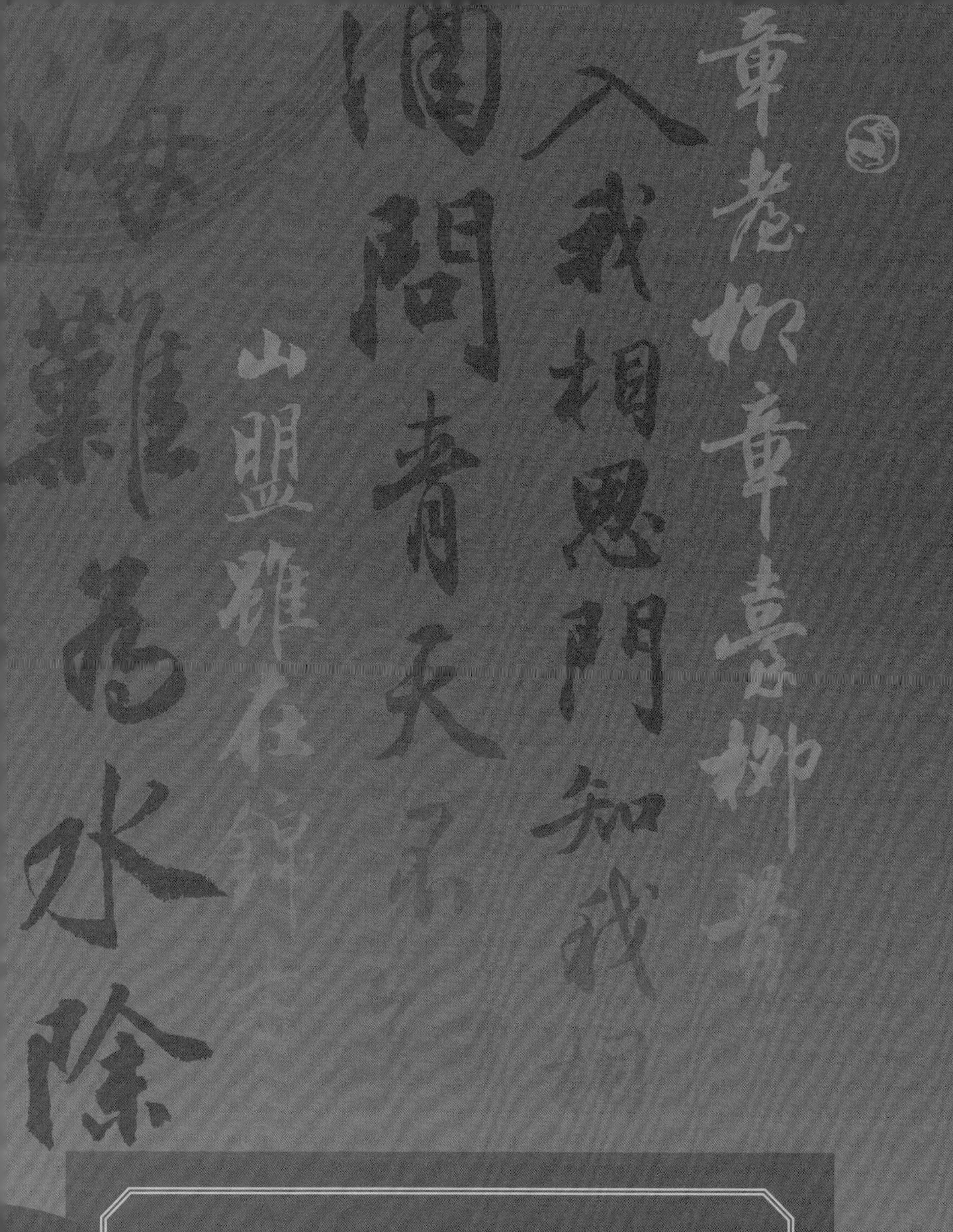

創作必須重視旋律之美，因它是音樂家表達情感最獨特的語言。溶於旋律裡的樂思是言語所無法表達的。　——王守潔

秋風詞

唐朝最負盛名的「詩仙」李白

相思的種種滋味，只有箇中人才知道吧。

也許是痴戀苦戀單戀，相見不得，相愛不能，

任那無望的思念日日啃噬心腸，相思之苦澀也！

也許已是兩心相許，見面前見面後都要一番相思，

想著那人一顰一笑，心魂都飄去了，相思之甜蜜也！

更多時候，思念是苦樂相參、悲喜交雜的，

春風春雨、秋月秋霜，都能觸動幽微的心絃……

秋風詞

詞：李　白　　　　　　　　曲：王守潔

行板 哀怨地

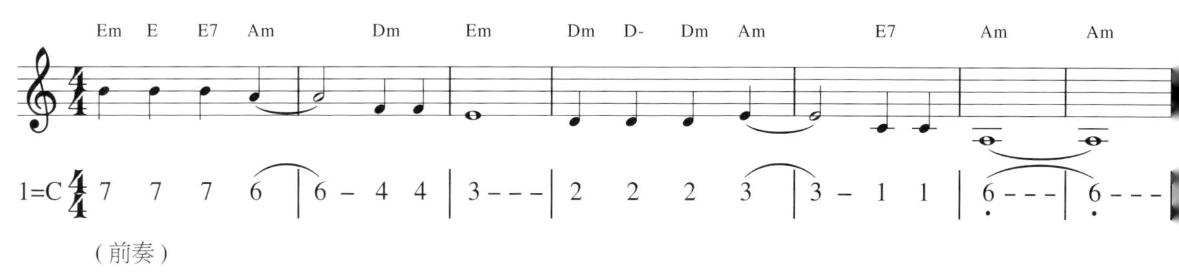

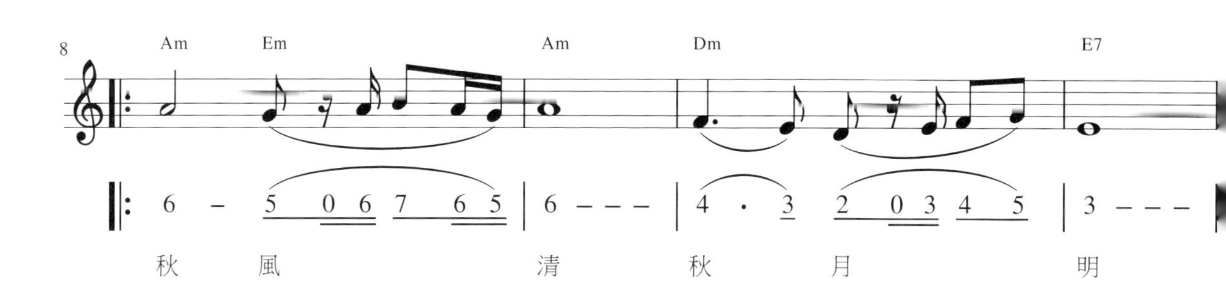

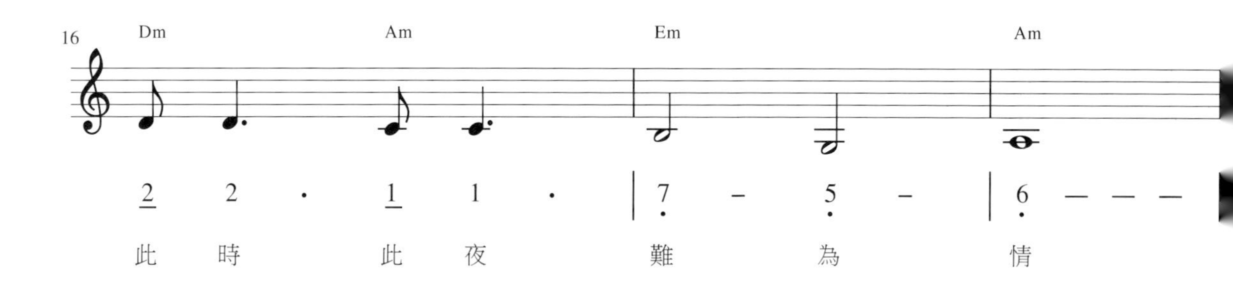

歌曲聆賞

19
Am Dm Em Am Em E E7 Am
1 6 6 1 2 – | 5 3 3 5 6 – | 7 7 7 6 |
入我相思門 知我相思苦 長相思兮

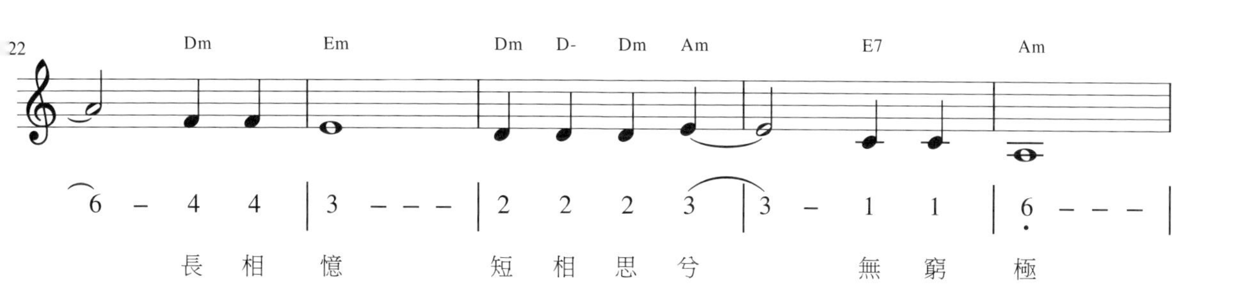
22
Dm Em Dm D- Dm Am E7 Am
6 – 4 4 | 3 – – – | 2 2 2 3 | 3 – 1 1 | 6 – – – |
長相憶 短相思兮 無窮極

27
Am G C C Dm Em Am
6 1 2 1 2 5 3 | 3 5 6 3 2 – | 7 – 5 0 6 7 | 6 – – – |
早知如此絆人心 何如當初 莫相識

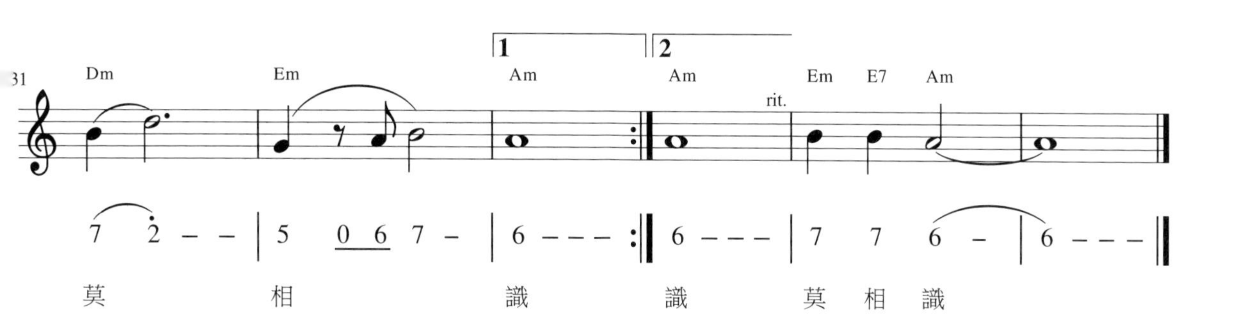
31
1 2
Dm Em Am Am Em E7 Am
rit.
7 2 – – | 5 0 6 7 – | 6 – – – :|| 6 – – – | 7 7 6 – | 6 – – – ||
莫相識 識 莫相識

三五七言·秋風詞　　唐/李　白

秋風清，秋月明，

落葉聚還散，寒鴉棲復驚。

相思相見知何日？此時此夜難爲情！

入我相思門，知我相思苦。

長相思兮長相憶，短相思兮無窮極。

早知如此絆人心，何如當初莫相識！

賞樂知音

前奏琴聲將我們帶進一片淒涼寂寞的夜色，

低沉的伴奏，彷彿來自時間深處的回音。

緩慢的詠唱，欲訴說那無限的感傷，

卻將思緒寄予秋風與秋月、落葉與寒鴉。

原來啊，相愛卻不得相見，要如何安頓這感情？

她在晚風中詠嘆，想要一抒胸臆而不能，

只把更多的愁情吞進苦澀的內心。

長相思兮長相憶，短相思兮無窮極，

琴韻淒迷，心緒低迴，相思無窮卻無解，

此心再難將息，最後只好發出一聲情的悔怨，

早知如此牽絆我心，寧願當初不曾相識啊！

歌聲至此激切，卻依然含淚凝睇，沉入幽冷夜色。

秋風清秋月明落葉聚還散寒
鴉棲復驚相思相見知何日此時此夜
難為情入我相思門知我相思苦長相
思兮長相憶短相思兮無窮極早知
如此絆人心何如當初莫相識

李白秋風詞 辛丑之秋 林隆達

白話詩譯

今夜，恐怕又是個無眠夜了！我憑窗獨處，吹拂著秋夜的清風，凝望著明朗的秋月。看階前的落葉，被秋風吹得才聚又散；聽樹梢的寒鴉，被明月照得夢中驚醒。

試問我今夜爲何無眠？無非是陷入相思的情緒，正在爲思念情人而愁苦啊！因爲情人遠在他方，不知何日能再相見；但僅是今夜洶湧的思念之情，就夠難熬的了！

是的，永恆的眞心相愛，固然引動無窮的甜美相思；但每一度相思的孤寂情緒，仍是如此難以消受啊！

早知甜美的愛情會伴隨如此揪心的愁懷，眞讓人忍不住瞋怪：還不如當初乾脆不愛算了……

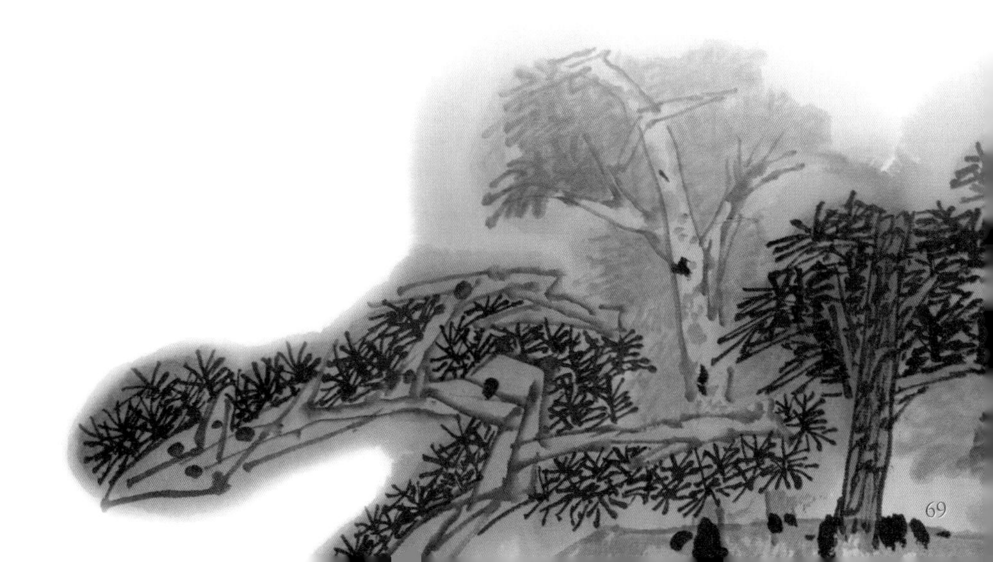

詩詞典故

「秋風詞」不是李白取的，「三五七言」才是？

李白秋風詞最初的名稱是〈三五七言〉，什麼是三五七言？原來是指每個句子先後的字數。先是兩句三言，「秋風清，秋月明」；再來兩句五言，「落葉聚還散，寒鴉棲復驚」，再來是兩句七言，「相思相見知何日？此時此夜難爲情！」就成為三五七言詩了。

這種體式很像一首小詞，節奏多變，具有明顯的音樂特性，《唐宋詩醇》就評論李白的秋風詞「哀音促節，悽若繁弦」，意思是音韻哀傷、節拍短促，曲風悽惻而音色繁複多變。清朝趙翼考證說三五七言詩起於李太白。不過初唐僧人義淨作有一首〈在西國懷王舍城〉，其體式為一三五七九言，李白的三五七言算是它的變體。但確實是李白確立了「三三五五七七」格式作爲一種獨特的曲詞格甚至成爲一種時興詩體的地位。

另摘錄兩首優美的三五七言詩詞，以饗讀者。唐朝劉長卿〈送陸澧〉：

新安路，人來去。

早潮復晚潮，明日知何處？

潮水無情亦解歸，自憐長在新安住。

北宋寇準〈江南春〉：

波渺渺，柳依依。

孤林芳草遠，斜日杳花飛。

江南春盡離腸斷，蘋滿汀洲人未歸。　【編按】

⊙ 本單元插圖出自：周哲〈只就是周哲先生畫的畫〉〈五松圖〉

水調歌頭

北宋「一代文豪」蘇東坡

人世紛擾，江湖險惡，有時候心累了，

真想離開這一切，飛上九重霄、飛到月亮上吧！

但心裡還有未盡的理想，還有遠方牽掛的人，

又怎能輕言出世？不如就在月光下跳一支舞吧，

惟願所親所愛之人身體康健、快樂無憂，

雖隔千里，也能共享這娟娟月色。

東坡一曲水調歌頭，寫盡奇思與妙想、深情與達觀。

水調歌頭

詞：蘇　軾　　　　曲：王守潔

優美 浪漫地

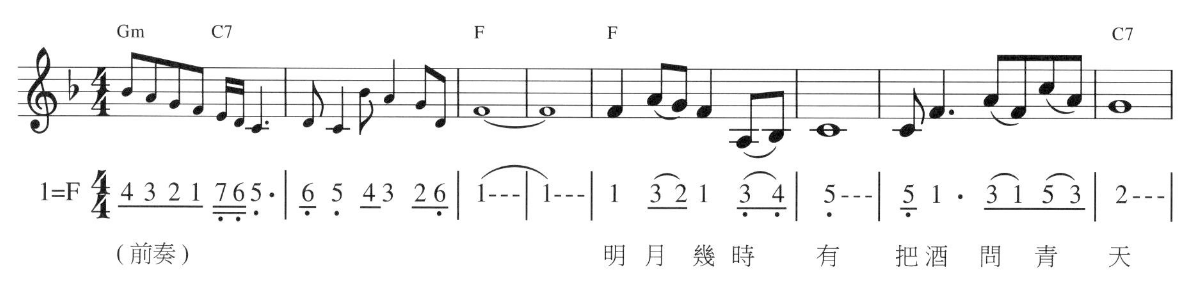

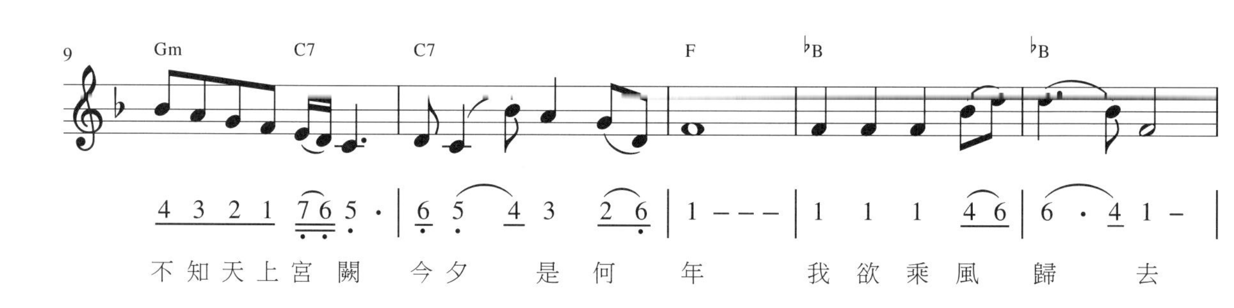

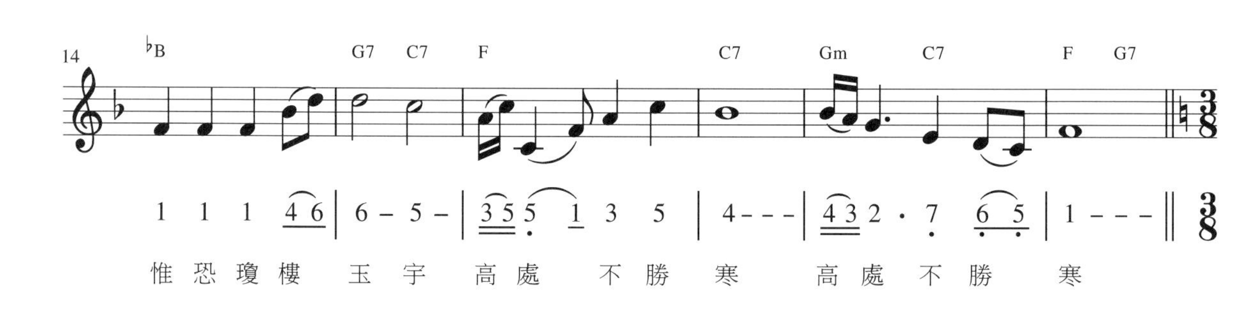

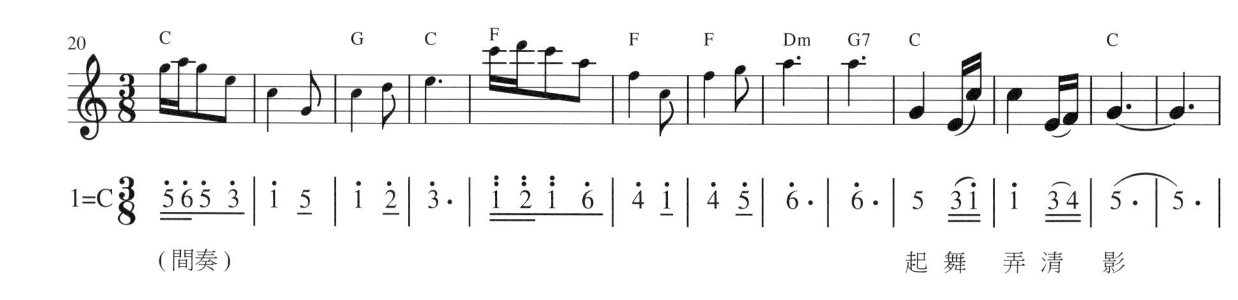

歌曲聆賞

33
F C G G7 Dm G7 C Dm G7
何似在人間 轉朱閣 低綺戶 照無眠

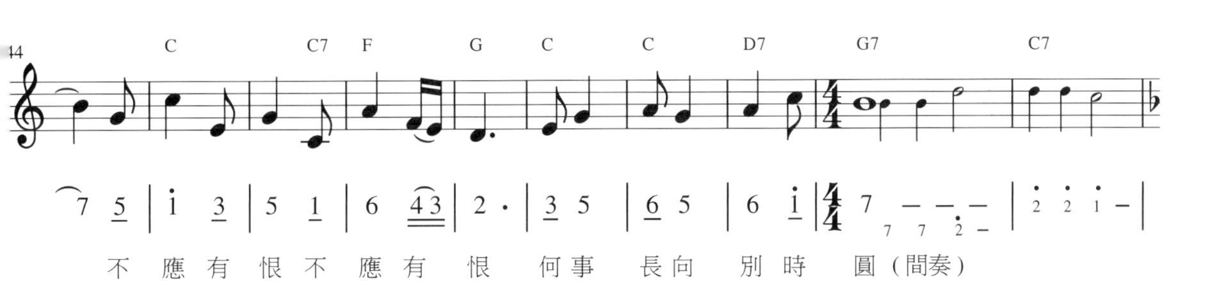
44
C C7 F G C C D7 G7 C7
不應有恨不應有恨 何事長向別時圓（間奏）

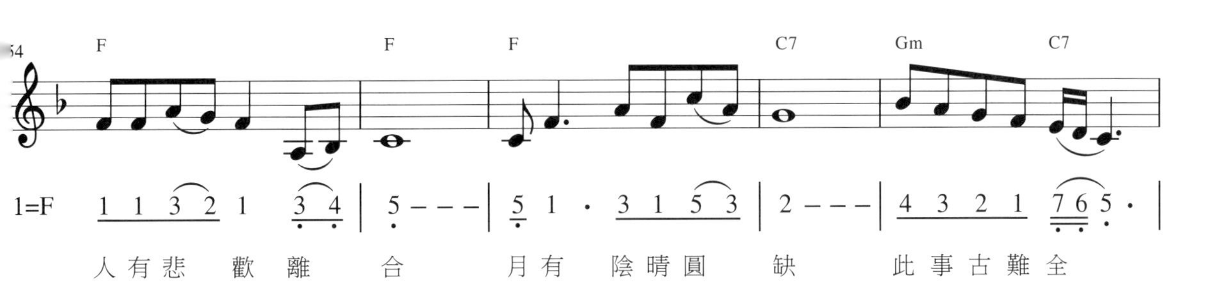
54
F F F C7 Gm C7
1=F
人有悲歡離合 月有陰晴圓缺 此事古難全

59
C7 F ♭B G7 C7 F F C7 F
但願人長久 千里共嬋娟 千里共嬋娟

水調歌頭·丙辰中秋　　宋／蘇　軾

明月幾時有？把酒問青天。

不知天上宮闕，今夕是何年？

我欲乘風歸去，惟恐瓊樓玉宇，高處不勝寒。

起舞弄淸影，何似在人間？

轉朱閣，低綺戶，照無眠。

不應有恨，何事長向別時圓？

人有悲歡離合，月有陰晴圓缺，此事古難全。

但願人長久，千里共嬋娟。

賞樂知音

音韻如詩，唱這首曲子如同一次深情的朗誦，
熟悉親切、眞誠坦率，就像東坡在我們心中的樣子。
他想離開紛擾世間飛往月宮，但又怕月宮太冷，
因爲高處不勝寒呀，旋律中亦似有冷意襲來。

此後樂曲轉調，節奏也換成輕快的三拍子，
因爲坡翁正在月下跳舞呢，月光照得舞影清絕，
他的心也隨著月光，照進閣樓門窗，
溫柔地照拂著那因兩地思念而失眠的人兒。
但爲何親人相隔、情人相離，月亮卻是圓的？
幽幽的音韻穿透夜空，彷若一個揪心的天問。
末段回復調性與節奏，將詩人的曠達緩緩唱出，
直至最後的詠嘆：但願人長久，千里共嬋娟……

若能轉苦思哀愁爲深契的情意，思念也變得美麗；
若能化人世困頓爲曠達的胸襟，人間尚可留戀呀。

明月幾時有把酒問青天不知天上宮闕今夕
是何年我欲乘風歸去惟恐瓊樓玉宇
高處不勝寒起舞弄清影何似在人間
轉朱閣低綺戶照無眠不應有恨何事長向
別時圓人有悲歡離合月有陰晴圓缺此
事古難全但願人長久千里共嬋娟

蘇東坡水調歌頭

辛丑年仲秋 林隆達書

白話詩譯

今夜中秋，眞難得明月如此又大又圓。我忍不住舉起酒杯，問明月：今夕在天庭的紀元，是何月何年？

眞希望能乘著長風，奔向月宮，好遠離這煩惱的人間。但又怕天上雖然清淨無瑕，卻也空虛冷冽；還不如就在月光中與月影共舞，也就聊足解憂了！

月亮逐漸西移，照向我家，照進我房，照著終夜無眠的我。月兒呀！理當無憂無慮的你，難道也了解人間離別之苦嗎？不然，爲什麼總是在人各一方的感傷時刻，適時以圓月清輝來抒解人們的惆悵呢？

的確，人間本來就沒有永恆的圓滿，有合就有分，有歡就有悲；月兒不早就用有晴就有陰，有圓就有缺告訴我們了嗎？所以，就讓我們放寬心懷罷！今夜我們雖然不能兩相聚首，但只要我們都還身體頑健，能在此刻同沐圓月清輝，也就已經是一種難得的精神同在了！

詩詞典故

月亮會回答嗎？對月亮發問的詩人們……

月亮是古典詩詞中經常出現的意象，古往今來，描寫月亮的詩詞何止千萬計！而東坡的〈水調歌頭〉別出心裁，起篇就對月亮發出奇問：「明月幾時有？」（明月是從什麼時候開始有的？）後又問：「不應有恨，何事長向別時圓？」（月亮不該懷有怨恨吧，爲什麼偏在人們離別時才圓呢？）其問之癡迷、想之超逸，令人耳目一新。來看看幾首對月亮發問的著名詩詞。

唐朝李白〈把酒問月〉：「青天有月來幾時？我今停杯一問之。人攀明月不可得，月行卻與人相隨。」天上的明月，究竟是從何時就存在的呢？人想攀登明月何其之難，月亮卻老跟着人走。蘇東坡〈水調歌頭〉應是借用了李白的部分詩意。

唐朝張若虛〈春江花月夜〉：「江畔何人初見月？江月何年初照人？人生代代無窮已，江月年年望相似。」誰是這江邊最初見到月亮的人？這江上的月亮哪一年開始照在人身上？人生短暫，一代代繁衍遞嬗，只有那月亮年年相似，亙古如斯。張若虛問得奇妙、問得深情，將宇宙長存、生命有涯的思索，都融入深情款款的探問中。

南唐李煜〈虞美人〉：「春花秋月何時了？往事知多少。小樓昨夜又東風，故國不堪回首月明中。」春天的花、秋天的月亮何時才能結束呢？因為它們勾起我無限哀傷的往事。多少人希望永留春花秋月這美好光景，而滿心愁緒與悔恨的亡國之君卻再也不想看了。　【編按】

⊙ 本單元插圖出自：陳朝寶〈神駒 - 的盧〉〈秋夜懷人〉

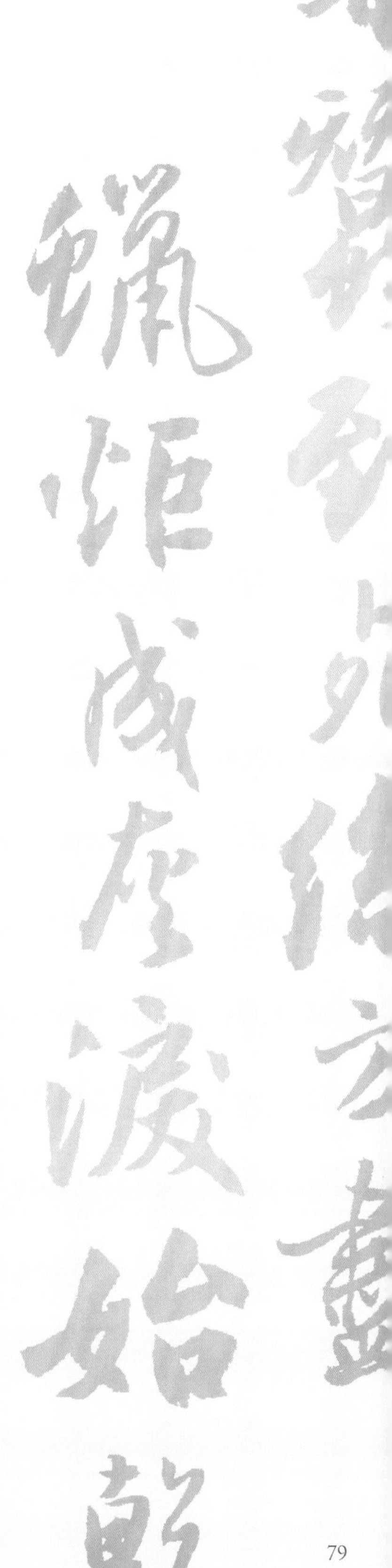

相見時難別亦難

晚唐唯美文學健將　李商隱

也許有一些故事，既隱晦又深沉；

也許有一種愛情，既纏綿又絕望。

想見卻不能見，該離卻不忍離，

只好用一生的煎熬祭奠相思。

把所有的苦楚與悵惘都留給自己吧，

只盼思念的那個人兒莫要憔悴、莫要悲傷！

相見時難別亦難

詞：李商隱　　　　曲：王守潔

行板

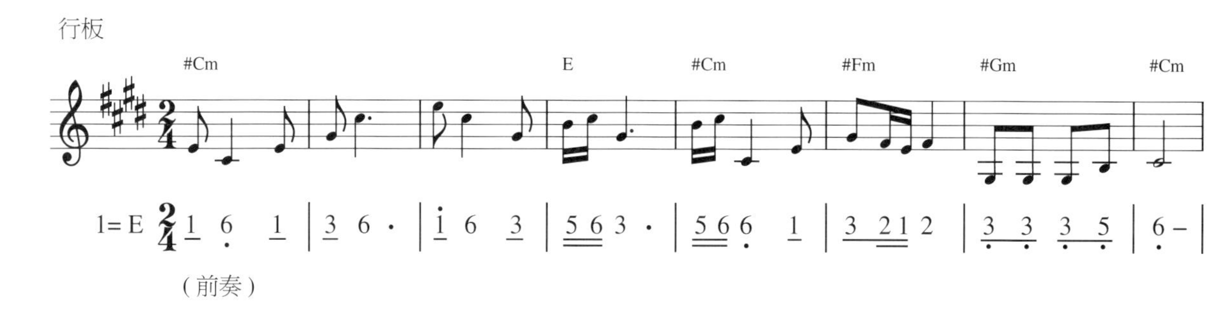

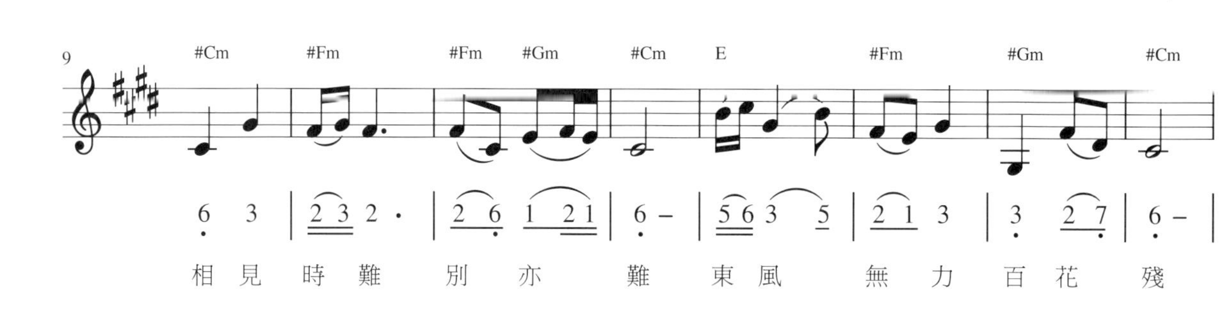

歌曲聆賞

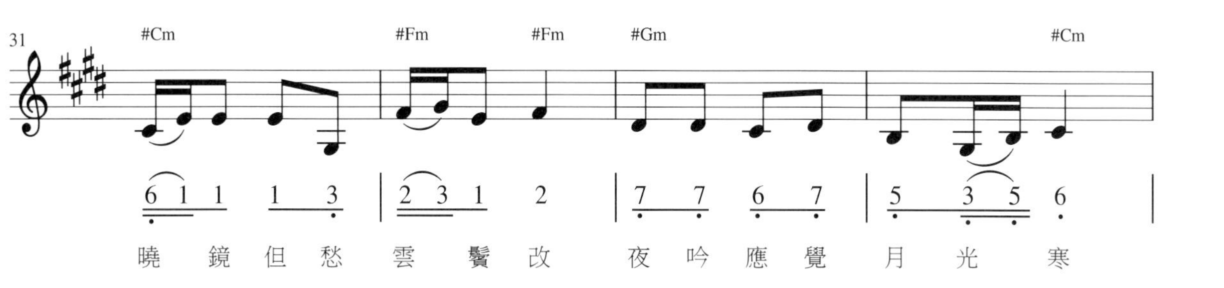
31
#Cm #Fm #Fm #Gm #Cm
曉 鏡 但 愁 雲 鬢 改 夜 吟 應 覺 月 光 寒

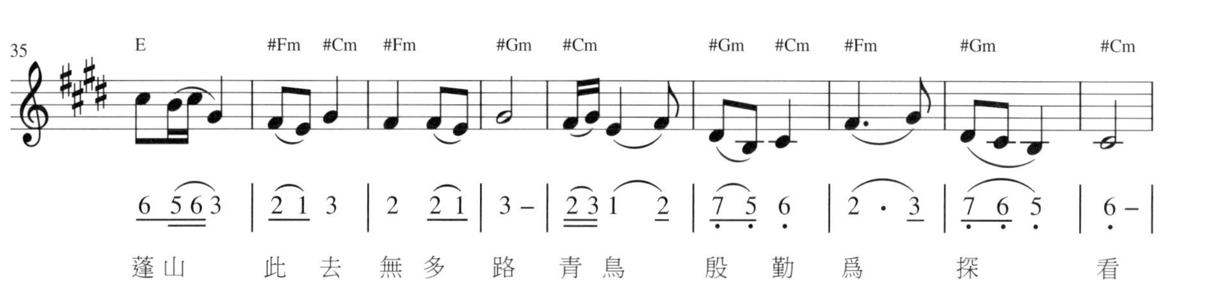
35
E #Fm #Cm #Fm #Gm #Cm #Gm #Cm #Fm #Gm #Cm
蓬 山 此 去 無 多 路 青 鳥 殷 勤 爲 探 看

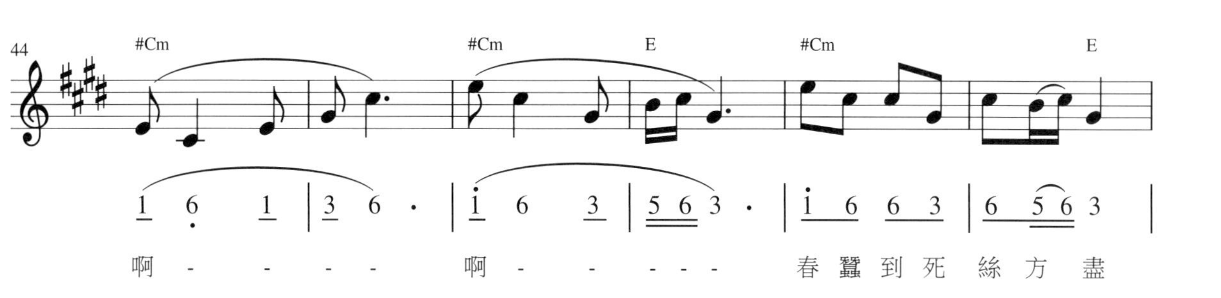
44
#Cm #Cm E #Cm E
啊 - - - - 啊 - - - - - 春 蠶 到 死 絲 方 盡

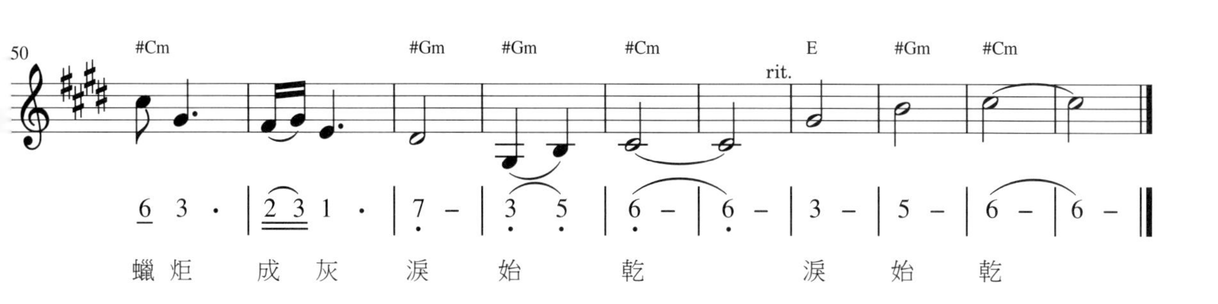
50
#Cm #Gm #Gm #Cm rit. E #Gm #Cm
蠟 炬 成 灰 淚 始 乾 淚 始 乾

無題　　唐 / 李商隱

相見時難別亦難，東風無力百花殘。

春蠶到死絲方盡，蠟炬成灰淚始乾。

曉鏡但愁雲鬢改，夜吟應覺月光寒。

蓬山此去無多路，青鳥殷勤爲探看。

賞樂知音

情思纏綿之詩，正需低迴婉轉之韻，

前奏如詩句般凝煉，快速引入朦朧深沉的詩境。

首二句娓娓訴說，一開始便唱出愛的艱難，

聚散兩難，愛情正如暮春花殘，教人肝腸寸斷。

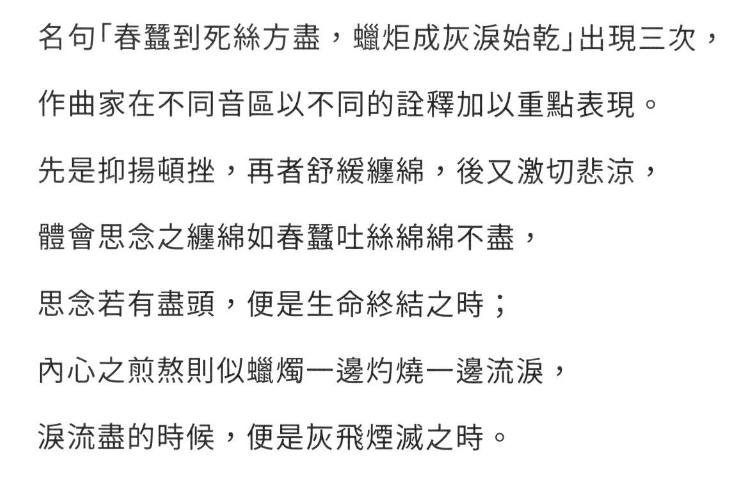

名句「春蠶到死絲方盡，蠟炬成灰淚始乾」出現三次，

作曲家在不同音區以不同的詮釋加以重點表現。

先是抑揚頓挫，再者舒緩纏綿，後又激切悲涼，

體會思念之纏綿如春蠶吐絲綿綿不盡，

思念若有盡頭，便是生命終結之時；

內心之煎熬則似蠟燭一邊灼燒一邊流淚，

淚流盡的時候，便是灰飛煙滅之時。

然而詩人仍懷抱著呵護對方的情意，

怕她憔悴怕她冷，更怕她孤單落寞。

全曲節奏富有變化，顯化了詩中隱微深沉的情緒。

相見時難別亦難東風無力百花
殘春蠶到死絲方盡蠟炬成灰淚
始乾曉鏡但愁雲鬢改夜吟應
覺月光寒蓬山此去無多路青鳥
殷勤為探看

唐李商隱無題

辛丑秋涼 林隆達

白話詩譯

李商隱的無題詩，膾炙人口，首首都是惝恍迷離，隱約難解。遂營造出一個幽深朦朧的美學空間，供人馳騁探索。也許，是因他的戀情眞不足爲外人道罷……

我們見面的短暫相處，事實上眞不容易；但想見卻不能見的相思日子才眞難熬。愛情的路爲什麼會這樣崎嶇艱苦呀！眼看春天已漸漸遠去，東風漸弱，百花凋零；我們的戀情也會是同樣的命運嗎？但一定不會是的，我們的相愛之心是如此堅定而且眞確無疑；就像春蠶吐絲，至死方休；也像蠟燭燃燒自己，即使淚流不止，也無怨無悔。

每天早上，當我在鏡中看到自己白髮陡增；就忍不住擔心你烏黑的秀髮，是否也有變白？（我憔悴蒼老就算了！）每天晚上，當我熬夜作詩，就不由得想到：你在同樣的月夜，是不是也會覺得冷？（我冷是沒有關係的。）其實你住的地方，離我家也並不太遠，可就是咫尺天涯。眞希望會有一隻善解人意的青鳥，幫我捎個信息去給你，也探聽一下你的近況，好一解我的相思之苦呀！

詩詞典故

無題並不是沒有題目，以無題詩聞名的詩人……

李商隱以無題詩著名，他是首創無題詩的鼻祖，並為其傾注才華心力，根據統計，詩人寫作時即以「無題」命名的共有十五首。這些無題詩，一方面，撲朔迷離、隱晦難解，後世評論家們各持觀點，相決不下，有認為乃詩人心境的寄託與轉喻，有認為乃描述其所經歷的男女情事。另一方面，詩裡情意纏綿、意境幽深，使人一唱三嘆、回味無窮，因此深受不同時代人們的喜愛，甚至影響了清朝的豔情詩與民國時期的鴛鴦蝴蝶派作品。

在此摘錄李商隱最美的幾首無題詩以饗讀者：

重幃深下莫愁堂，臥後清宵細細長。神女生涯原是夢，小姑居處本無郎。風波不信菱枝弱，月露誰教桂葉香。直道相思了無益，未妨惆悵是清狂。

來是空言去絕蹤，月斜樓上五更鐘。夢為遠別啼難喚，書被催成墨未濃。蠟照半籠金翡翠，麝薰微度繡芙蓉。劉郎已恨蓬山遠，更隔蓬山一萬重！

颯颯東風細雨來，芙蓉塘外有輕雷。金蟾齧鎖燒香入，玉虎牽絲汲井回。賈氏窺簾韓掾少，宓妃留枕魏王才。春心莫共花爭發，一寸相思一寸灰！　【編按】

⊙ 本單元插圖出自：楚戈〈無一物中無盡藏〉〈不得春風花不開〉〈草木饒野意〉

釵頭鳳

南宋大詩人陸游與前妻唐婉

悲莫悲兮生別離，樂莫樂兮新相知，

當兩情相悅、你儂我儂之時，誰曾想有朝一日，

命運竟裹挾著風霜，瞬間撲滅愛情之花！

花開得有多美，那摧折就有多殘酷，

再相逢時，身影依舊，此心卻已恍如隔世，

或許不見還好，再見肝腸寸斷！

釵頭鳳

詞：陸游、唐婉

曲：王守潔

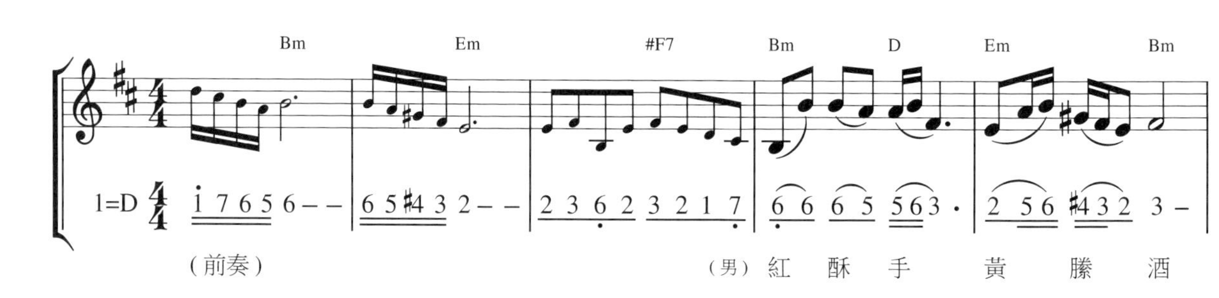

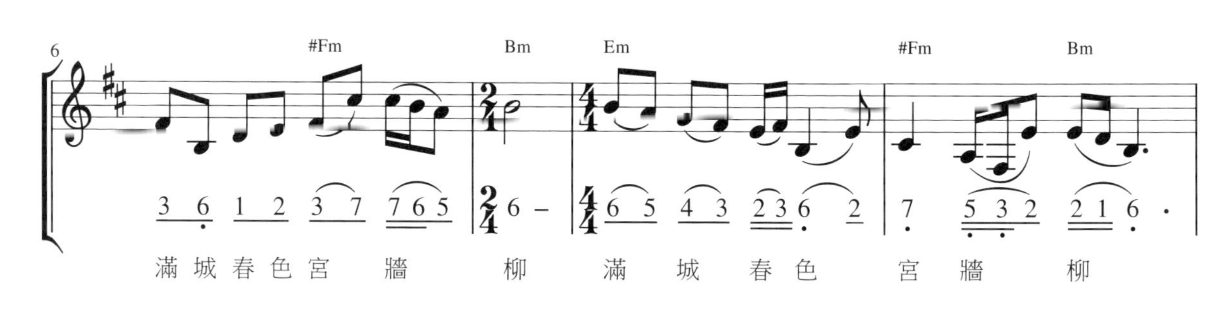

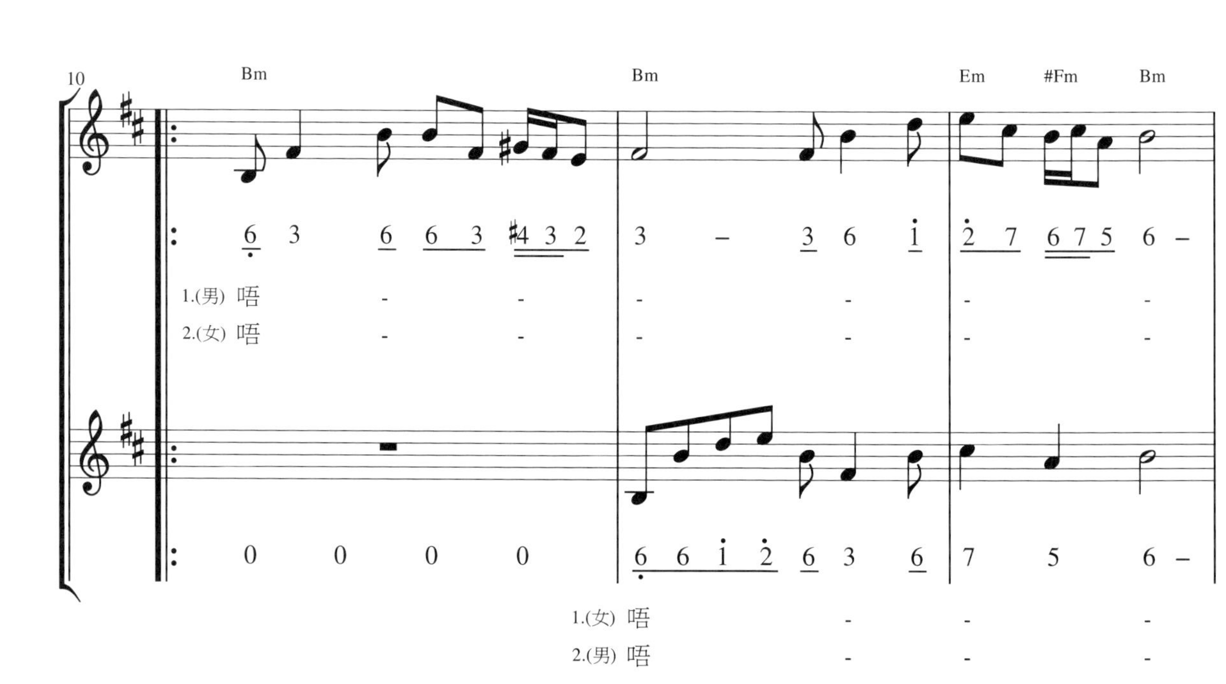

歌曲聆賞

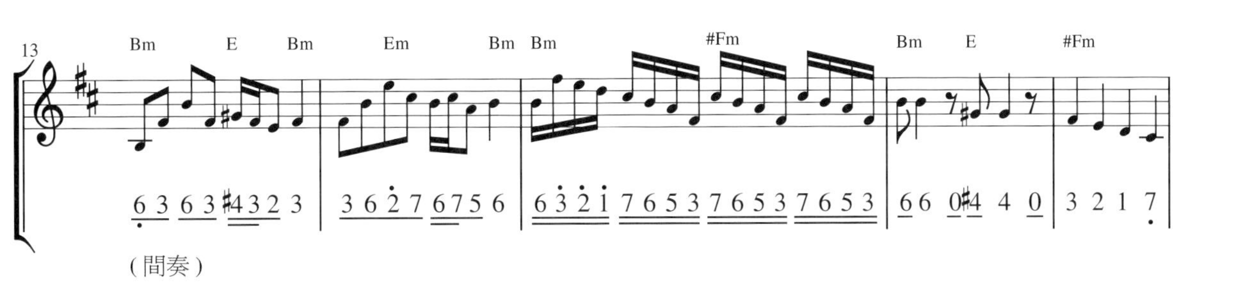
13
Bm E Bm Em Bm Bm #Fm Bm E #Fm
(間奏)

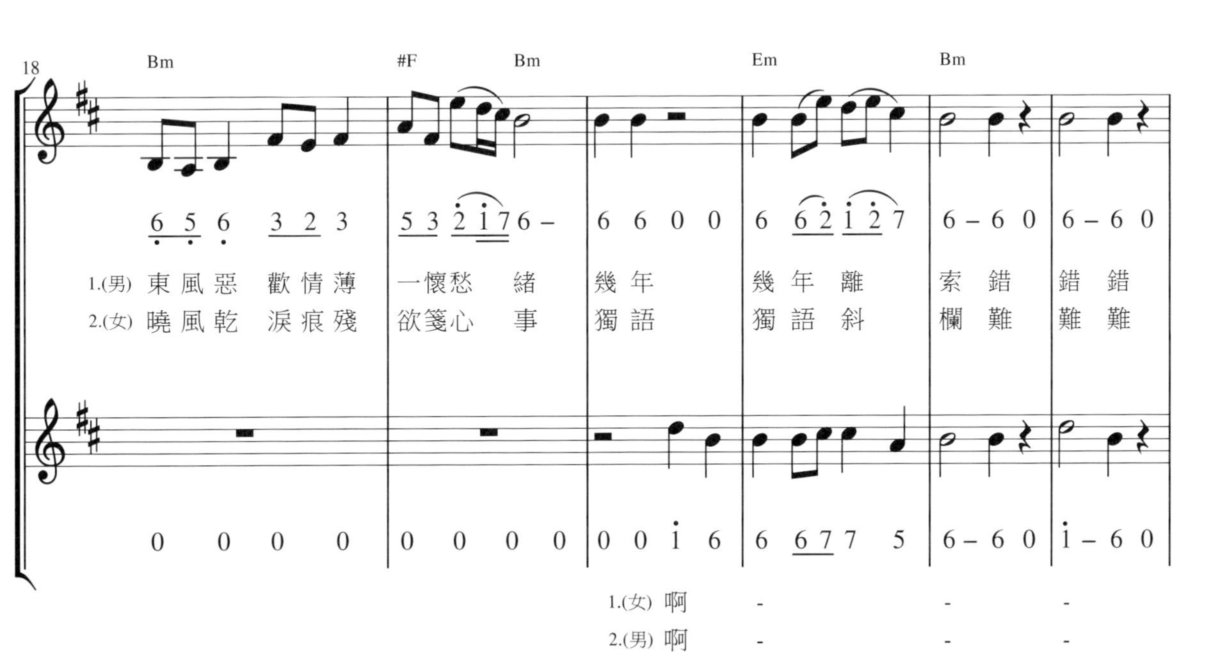
18
Bm #F Bm Em Bm
1.(男) 東風惡 歡情薄 一懷愁 緒 幾年 幾年離 索錯 錯錯
2.(女) 曉風乾 淚痕殘 欲箋心 事 獨語 獨語斜 欄難 難難
1.(女) 啊 - - -
2.(男) 啊 - - -

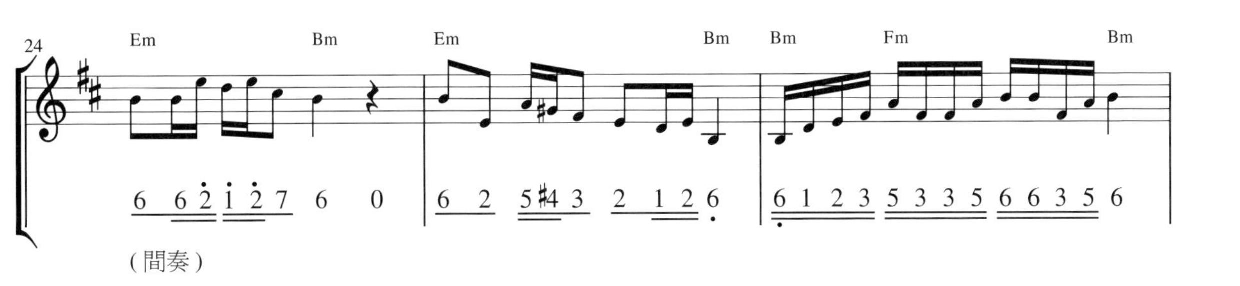
24
Em Bm Em Bm Bm Fm Bm
(間奏)

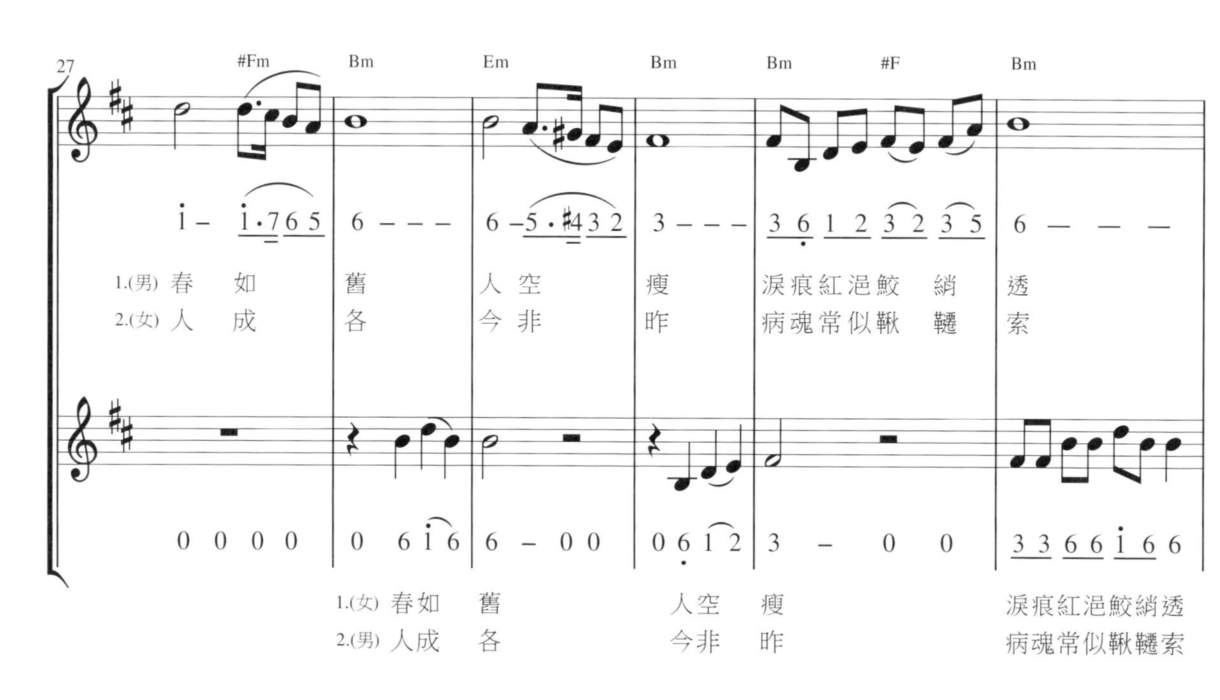
27
#Fm Bm Em Bm Bm #F Bm
1.(男) 春 如 舊 人空 瘦 淚痕紅浥鮫 綃 透
2.(女) 人 成 各 今非 昨 病魂常似鞦 韆 索
1.(女) 春如 舊 人空 瘦 淚痕紅浥鮫綃透
2.(男) 人成 各 今非 昨 病魂常似鞦韆索

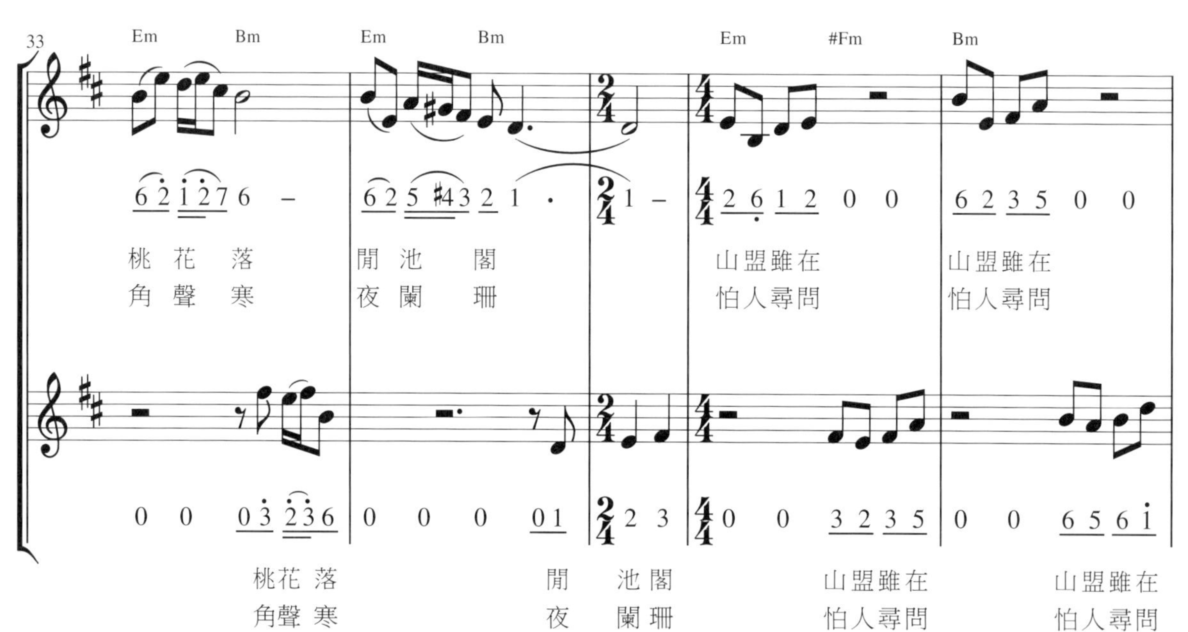
33
Em Bm Em Bm Em #Fm Bm
桃 花 落 閒 池 閣 山盟雖在 山盟雖在
角 聲 寒 夜 闌 珊 怕人尋問 怕人尋問
桃花 落 閒 池 閣 山盟雖在 山盟雖在
角聲 寒 夜 闌 珊 怕人尋問 怕人尋問

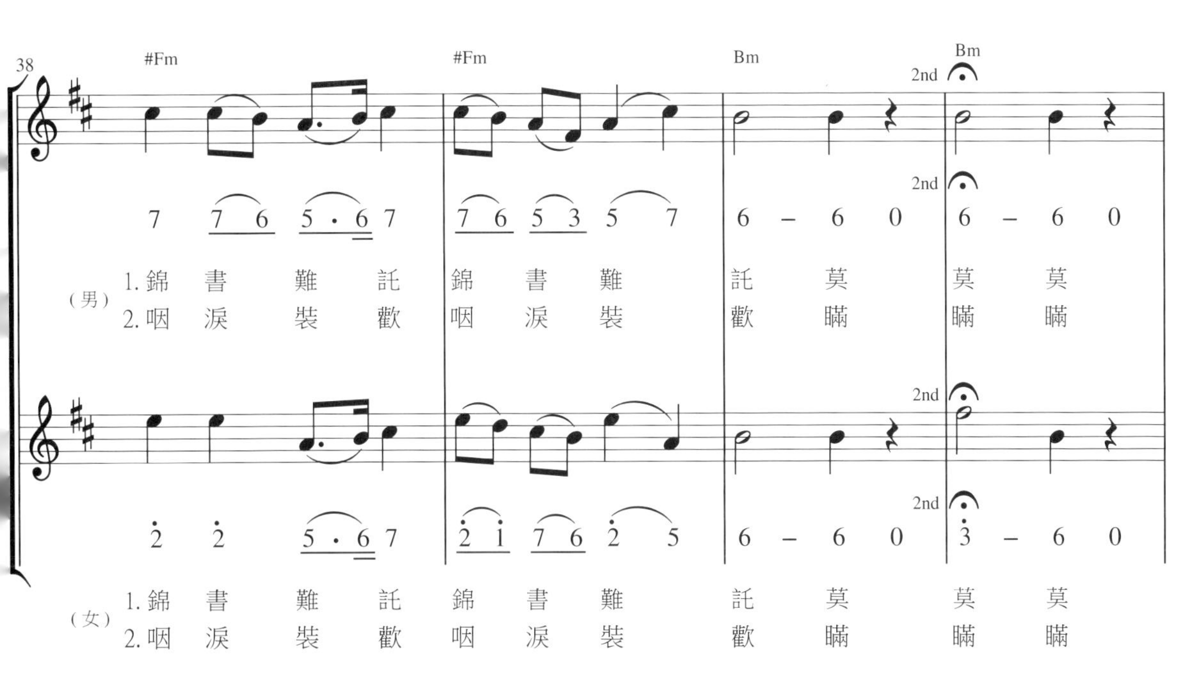
38
#Fm
#Fm
Bm
Bm
2nd
(男)
1. 錦 書 難 託 錦 書 難 託 莫 莫 莫
2. 咽 淚 裝 歡 咽 淚 裝 歡 瞞 瞞 瞞
(女)
1. 錦 書 難 託 錦 書 難 託 莫 莫 莫
2. 咽 淚 裝 歡 咽 淚 裝 歡 瞞 瞞 瞞

42
1. Bm
E
#Fm
Bm
D
Em
Bm
#Fm
Bm
(間奏)
(女) 世 情 薄 人 情 惡 雨送黃昏花 易 落

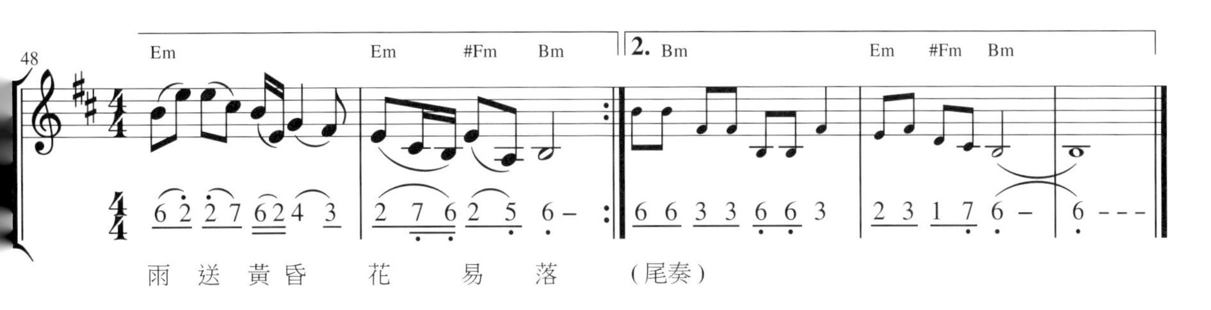
48
Em
Em
#Fm
Bm
2. Bm
Em
#Fm
Bm
雨 送 黃昏 花 易 落
(尾奏)

釵頭鳳・紅酥手　　宋／陸　游

紅酥手，黃縢酒，滿城春色宮牆柳。

東風惡，歡情薄。一懷愁緒，幾年離索。錯、錯、錯！

春如舊，人空瘦，淚痕紅浥鮫綃透。

桃花落，閒池閣。山盟雖在，錦書難託。莫、莫、莫！

釵頭鳳・世情薄　　(傳)宋／唐　婉

世情薄，人情惡，雨送黃昏花易落。

曉風乾，淚痕殘，欲箋心事，獨語斜欄。

難、難、難！

人成各，今非昨，病魂常似鞦韆索。

角聲寒，夜闌珊，怕人尋問，咽淚裝歡。

瞞、瞞、瞞！

賞樂知音

樂曲前奏即帶來一股強烈的不安感，

音節急促緊張，悲劇的氛圍洶湧地襲來。

進入主旋律時緩慢抒情，似在回憶兩人重逢情景，

唐婉舉起纖纖玉手，帶著情意爲陸游敬上一杯酒。

間奏響起，琴音強烈迅疾，悲劇氣氛再度瀰漫，

情天恨海難訴，他早就已經徹底失去了她。

三個「錯」字用不同手法，表達那無限懊悔之情！

及至「春如舊，人空瘦」，字字嗚咽，如泣如訴。

此外，作曲家別出心裁地爲各段詞賦予不同旋律，

全曲如風起雲湧，跌宕起伏，有著史詩般的壯闊感。

男女重唱是這首歌曲的一大特色，兩個聲部時相交疊，

或以嗚字深情相應，或以唱詞交替相和，

「山盟雖在」與「怕人尋問」多次重唱，

那痛苦同頻共振，愁緒排山倒海，感人至深！

紅酥手黃縢酒滿城春色宮牆柳東風惡歡情薄一懷愁緒幾年離索錯錯錯春如舊人空瘦淚痕紅浥鮫綃透桃花落閒池閣山盟雖在錦書難託莫莫莫

世情薄人情惡雨送黃昏花易落曉風乾淚痕殘欲箋心事獨語斜欄難難難人成各今非昨病魂常似鞦韆索角聲寒夜闌珊怕人詢問咽淚裝歡瞞瞞瞞

右釵頭鳳詞四闋前二闋紅酥手陸游以三錯三莫終後二闋世情薄唐婉以三難三瞞終此對詠道盡悔恨與無奈讀之錐心隱痛者當有同感 林隆達

白話詩譯

陸游、唐婉的愛情悲劇，世所熟知。但除了兩情相悅不見容於傳統禮教(另一個著名的例子是沈三白和芸娘)而被逼離異這一點核心事實，其後的許多繁衍情節，很可能只是後人文學性的踵事增華，未必可信。所以在此也僅就陸游原詞，試作意譯。

想當年我們新婚燕爾，兩情歡愉的時刻：你粉嫩的雙手，捧上香盈滿杯的美酒，那婀娜動人的風姿，眞像滿城春色中，宮牆邊隨風款擺的柳條啊!

但眞的沒有想到，森嚴的禮教，完全不能同情我們的相愛，竟然就硬生生將我們拆散了!這幾年來，我滿懷悲鬱，無從抒解；蕭索的心境，愈讓我感到，當年我們錯了，眞的錯了，就錯在不知道如何珍惜、如何保護我們脆弱的戀情呀!

再見到你的時候，春天還是一樣的春天，你的身形卻消瘦了許多，悲傷的情緒更是讓你哭個不停，連拭淚的手絹都濕透了!美好的戀情過去了，我們曾依偎共遊的林園也空餘寂寞。我們永遠相愛的誓言仍在，只是相愛的訊息已無從傳達。唉!不說了!還是不說了罷!還能再說什麼呢?

詩詞典故

紹興的這個園子，見證大詩人一世情傷……

陸游與唐婉的愛情故事流傳久遠，幾經演繹，部分史實已經難以考據。陸游與唐婉分離的原因，一般有兩種說法，一說陸游父母對兒子督教甚嚴，擔心他與唐婉的濃情蜜意會使他荒廢學業，影響對功業的追求，經常譴責唐婉未果，最後勒令陸游休妻另娶；另說唐婉不孕，陸母擔心陸家無後。不過，陸游長兄已有子嗣，且陸游與唐婉才共同生活兩三年，因此第二說存疑。

陸游另娶，唐婉別嫁，數年後，30歲的陸游在沈園意外重逢唐婉，題〈釵頭鳳〉於沈園壁上，表達與前妻離異的痛悔與感傷。更遺憾的是，沈園重逢後不久，唐婉即抑鬱而終。

沈園位於浙江紹興禹跡寺之南，這座園子見證了兩人的一世情傷。陸游在70歲、74歲、80歲、85歲(即過世這一年)數度重遊或夢遊沈園，皆題詩悼念前妻，一生未曾忘懷。詩裡滲透著滄桑與悲涼，令人低迴不已。摘錄數首如下：

「城上斜陽畫角哀，沈園非復舊池臺，傷心橋下春波綠，曾是驚鴻照影來。」「夢斷香消四十年，沈園柳老不吹綿。此身行作稽山土，猶弔遺蹤一泫然。」〈沈園二首〉

「路近城南已怕行，沈家園裏更傷情。香穿客袖梅花在，綠蘸寺橋春水生。」「城南小陌又逢春，只見梅花不見人。玉骨久成泉下土，墨痕猶鎖壁間塵。」〈十二月十二日夜夢遊沈氏園亭二首〉　【編按】

⊙ 本單元插圖出自：許文厚〈對鏡圖〉〈太白醉酒圖〉

章臺柳

唐「大曆十才子」之一韓翃與姬妾柳氏

歷史上有多少情侶眷屬被無情的戰亂沖散，

而尋尋覓覓、終於破鏡重圓的又有幾人？

馬蹄踐踏處，禮樂崩毀、生靈塗炭，

而容易遭逢被劫掠厄運的往往是貌美女子，

更何況是像柳氏這般兼具才藝容貌的佳人。

以詩相問復相答，奈何此情雖在，身不由己！

章臺柳

詞：韓翃、柳氏

曲：王守潔

敘述地

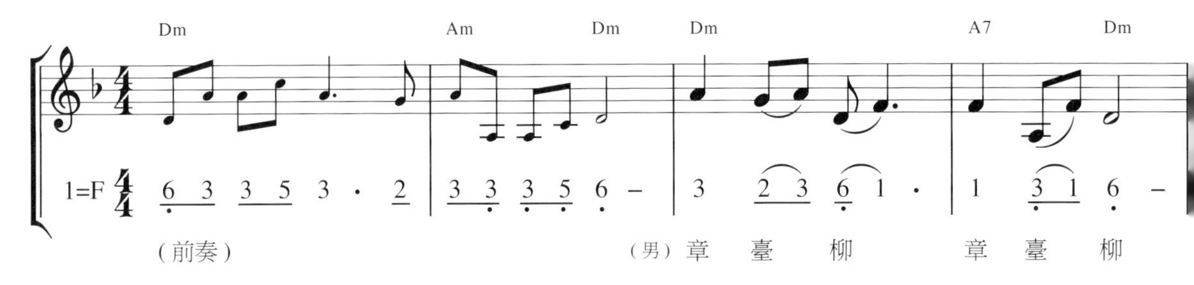

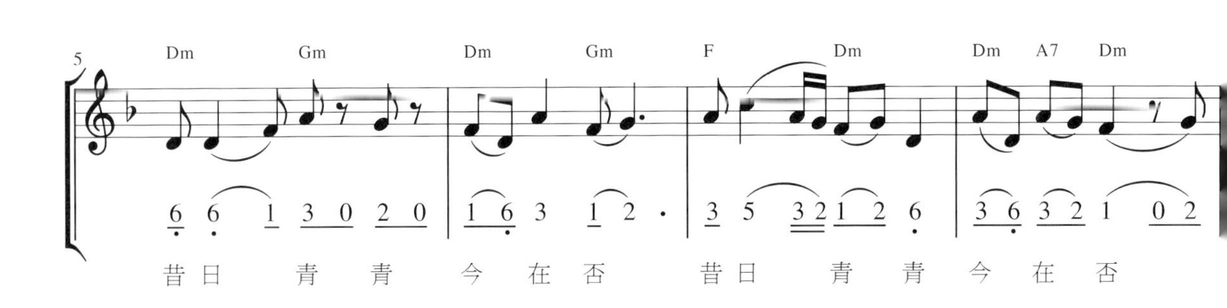

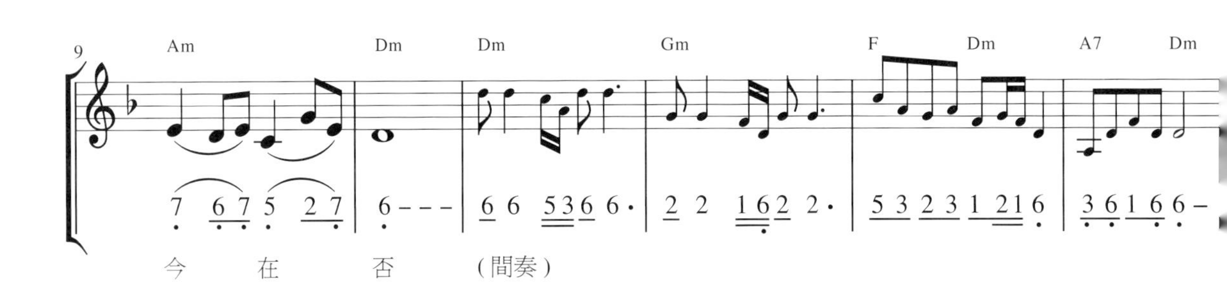

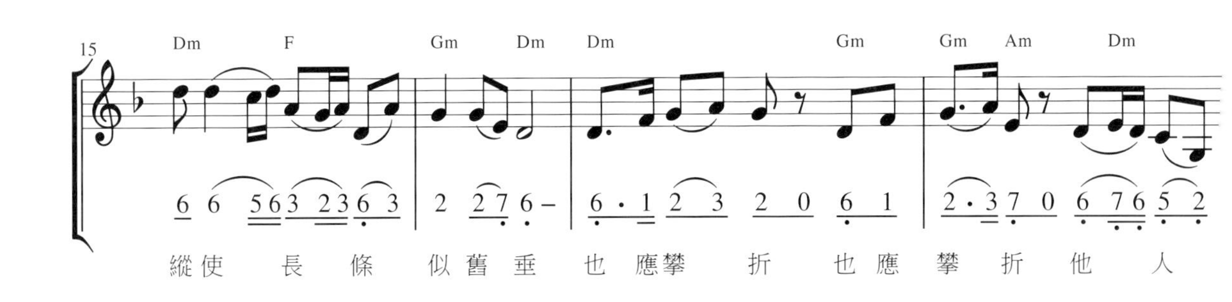

歌曲聆賞

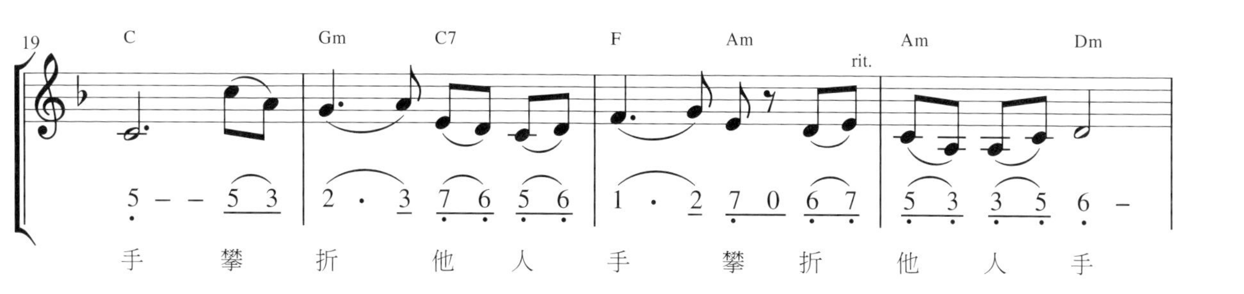
19
C Gm C7 F Am Am Dm
rit.
5 – – 5 3 | 2 · 3 7 6 5 6 | 1 · 2 7 0 6 7 | 5 3 3 5 6 –
手 攀 折 他 人 手 攀 折 他 人 手

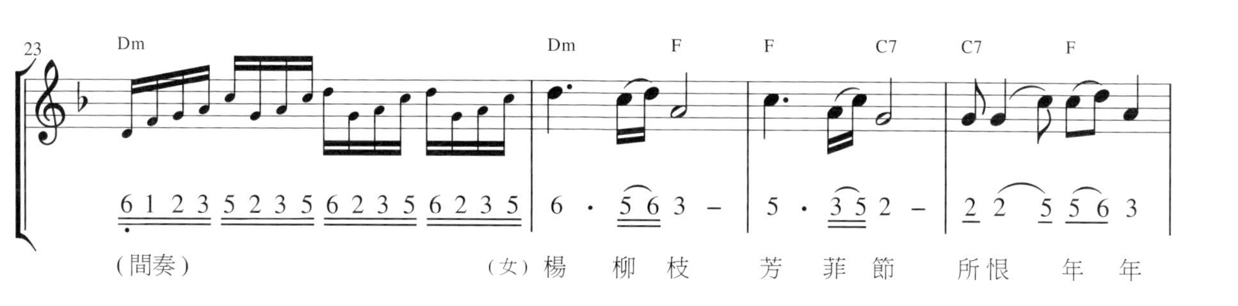
23
Dm Dm F F C7 C7 F
6 1 2 3 5 2 3 5 6 2 3 5 6 2 3 5 | 6 · 5 6 3 – | 5 · 3 5 2 – | 2 2 5 5 6 3
(間奏) (女)楊 柳 枝 芳 菲 節 所恨 年 年

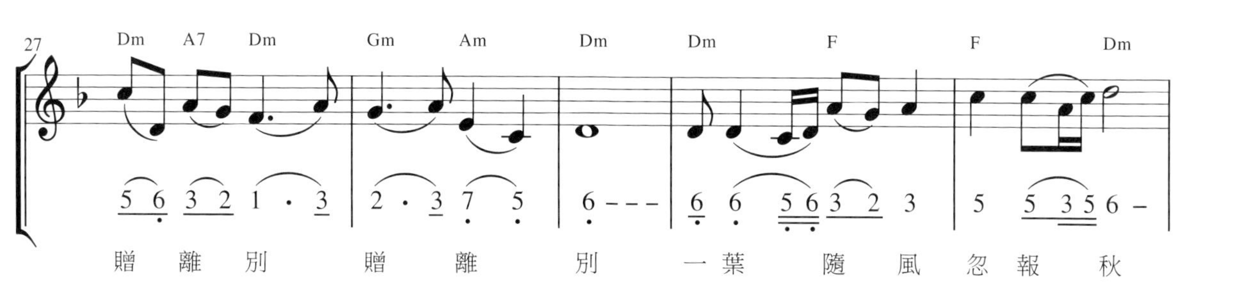
27
Dm A7 Dm Gm Am Dm Dm F F Dm
5 6 3 2 1 · 3 | 2 · 3 7 5 | 6 – – – | 6 6 5 6 3 2 3 | 5 5 3 5 6 –
贈 離 別 贈 離 別 一 葉 隨 風 忽 報 秋

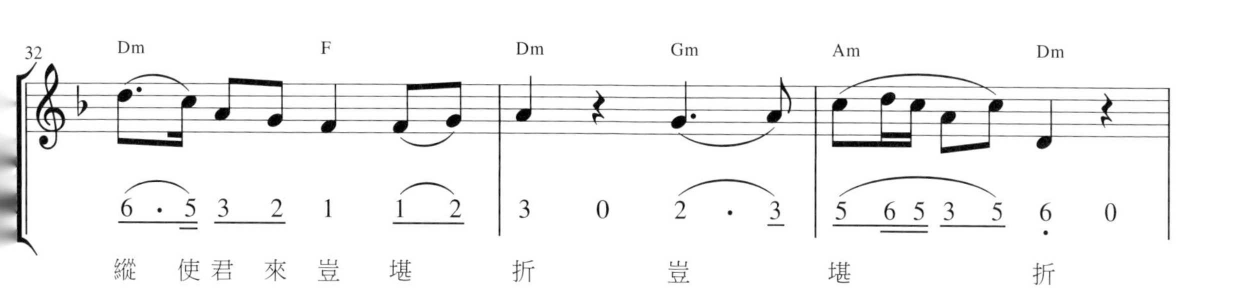
32
Dm F Dm Gm Am Dm
6 · 5 3 2 1 1 2 | 3 0 2 · 3 | 5 6 5 3 5 6 0
縱 使君 來 豈 堪 折 豈 堪 折

35
Dm Am Dm
Dm
F
F
Dm
Dm
F
Dm
（女）豈堪折
一葉 隨 風
忽報 秋
縱使君來豈堪
折
（男）啊
也應攀折

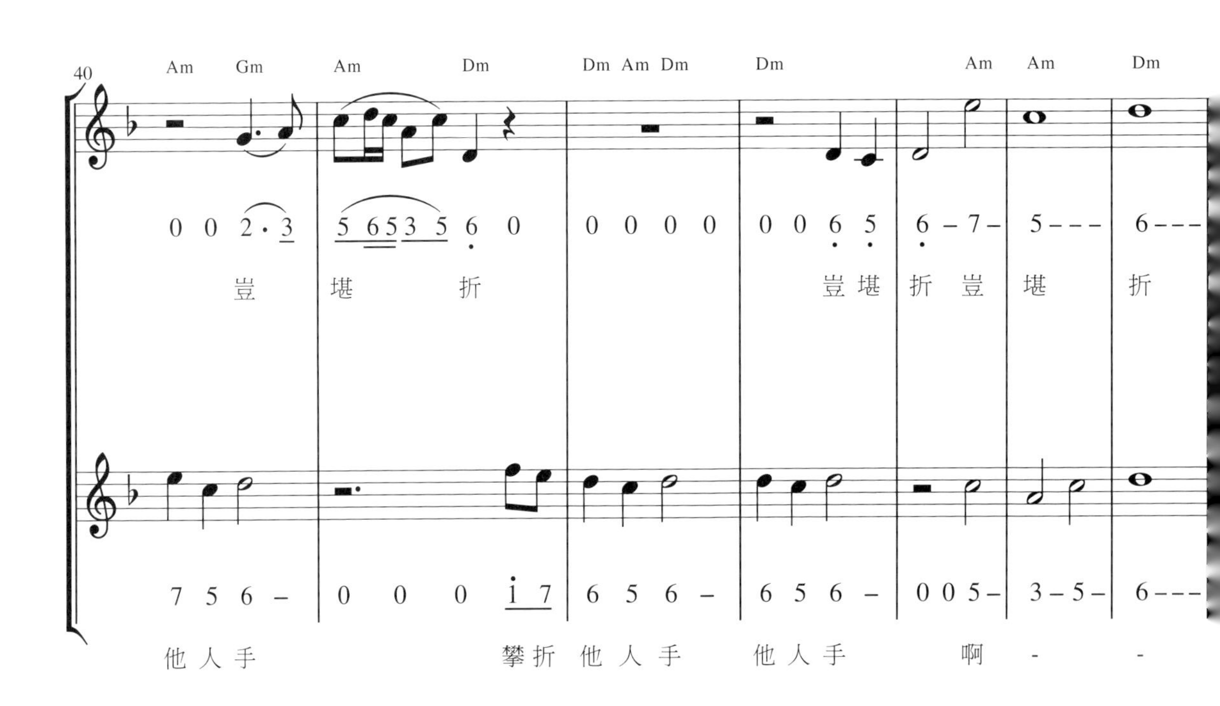
40
Am
Gm
Am
Dm
Dm Am Dm
Dm
Am
Am
Dm
豈
堪
折
豈堪
折 豈
堪
折
他人手
攀折 他 人 手
他 人 手
啊

范麗庭〈暗香浮動月黃昏〉

章臺柳・寄柳氏　　唐／韓　翃

章臺柳，章臺柳，昔日青青今在否？

縱使長條似舊垂，也應攀折他人手。

楊柳枝・答韓翃　　唐／柳　氏

楊柳枝，芳菲節，苦恨年年贈離別。

一葉隨風忽報秋，縱使君來豈堪折！

賞樂知音

這兩首男女唱和之詞，背後是眞實動人的愛情故事，
當韓翃與柳氏互寄詩詞的時候，二人尙未能見面。
戰火中失散太久，彼此都不確定對方的情意，
於是以柳爲喻，一個小心詢問，一個含淚回答。

首闋詞，旋律低迴深情，便是男主悠悠的探問：
戰亂離散以來，妳還好嗎？問得關切。
縱使妳豐采依舊，是否已爲人所奪？則問得揪心。
一段激切的間奏之後，便是女主含情的悲歌，
年年相思無望，如今已是殘花敗柳，怎值得你眷顧？
這第二闋詞，旋律哀婉卻盪氣迴腸、扣人心弦。

爲了編男女重唱，且又忠於詞的史實與情境，
作曲家巧妙地設計了一個交互對唱的想像畫面，
一個「攀折他人手」，一個「豈堪折」，層層交疊，
彷彿二人隔空苦思遙想，心裡是又思念又害怕。

章臺柳章臺柳昔日青青今在
否縱使長條似舊垂也應攀折
他人手 楊柳枝芳菲節苦恨年年
贈離別一葉隨風忽報秋縱使
君來豈堪折

唐韓翃章臺柳寄柳氏後柳氏
作楊柳枝答韓翃 林隆達

白話詩譯

我親愛的小柳呀！小柳！謝謝你當年名動京師，艷冠群芳，卻獨鍾情於我；如今我們卻因戰亂失散了！你一切都安好嗎？我只擔心你即使風姿綽約，嫵媚依舊；但正如蒲柳薄命，已折辱於他人之手了！

故事

章臺本戰國秦宮之名，漢時則為長安街名，以繁華著稱，後遂借稱為伎院所在。章臺柳即暗指柳氏也。

韓翃是唐大曆十才子之一，友人李生家有歌伎柳氏，鍾情於翃，李生遂慨然相贈。安史亂起，翃適歸鄉省親，柳獨居長安，雖削髮為尼以避禍，仍為平亂有功之番將沙吒利所奪。其後，翃為山東節度使侯希逸書記，隨侯入京，遂以此詩為號，暗尋柳氏。柳氏得詩悲泣，亦以詩答曰：「楊柳枝，芳菲節，苦恨年年贈離別。一葉隨風忽報秋，縱使君來豈堪折！」(我確如柳條薄命，雖有守節之心，但實已無奈為他人所折，而無以報君之恩了！)翃為之愀然。希逸部將許俊聞之，單騎縱沙吒利府劫柳氏而歸。希逸義之，乃上書唐代宗道其原委，代宗亦感而將柳氏判歸於翃。才子佳人，遂終獲團圓云云。

詩詞典故

破鏡能重圓嗎？戰亂中題詩尋愛侶⋯⋯

韓翃以〈章臺柳〉一詩暗尋昔日寵姬柳氏，全詩以柳為喻，詩句淺白通俗，想必韓翃特意寫得淺顯，好讓柳氏看懂。韓翃是名詩〈寒食〉作者，並因此詩為唐德宗所賞識，詩曰：「春城無處不飛花，寒食東風御柳斜。日暮漢宮傳蠟燭，輕煙散入五侯家。」後世稱「通於春秋」，亦即此詩採隱晦的春秋筆法，以微言說大義。韓翃似乎洞察到了唐王朝所面臨的深刻危機，他與柳氏所經歷的安史之亂正是王朝由盛而衰的轉捩點。

戰亂中因題詩而尋回愛侶的另有一個著名故事，男女主角是南朝陳時代的太子舍人徐德言與妻子樂昌公主。徐德言看到陳朝政治衰敗，預感國家將破，便將鏡子一破為二，與妻子各執一半做為信物，他知道一旦國破，以公主的才華容貌定會被權貴豪門所擄，兩人約定，到時若情緣未斷，便於正月十五在洛陽集市上賣這半面鏡子。果然，陳朝不久即被隋文帝楊堅所滅，樂昌公主被擄到洛陽，落入越國公楊素家為姬妾，頗受楊素寵愛。

徐德言流離顛沛至洛陽，於正月十五暗訪市集，果然見到有僕役高價喊賣半面鏡子。徐德言回家以自己的鏡子一比對，正好相合，悲喜交集中題詩一首讓僕役帶給公主，詩曰：「鏡與人俱去，鏡歸人不歸。無復嫦娥影，空留明月輝。」樂昌公主得詩，五內俱焚，悲泣不食。楊素詰問之下得知實情，令人欣慰的是楊素召見了徐德言，歸還了他的妻子。兩人終於破鏡重圓，回到江南白頭終老。　【編按】

⊙ 本單元插圖出自：陳朝寶〈英雄美人〉〈青春年華〉

曾經滄海難為水

唐朝新樂府推手　元稹

刻骨銘心之愛，往往帶著刻骨銘心之痛，

正因伊人已逝，相思便成了自我心靈的獨白，

卻仍然對著伊人絮語，彷彿她還在身邊，

彷彿仍可沉浸在獨屬於兩人的情意世界。

滄海之水，巫山之雲，世間至美形象，

便是妳在我心中永恆的模樣。

曾經滄海難爲水

詞：元　稹

曲：王守潔

深情地

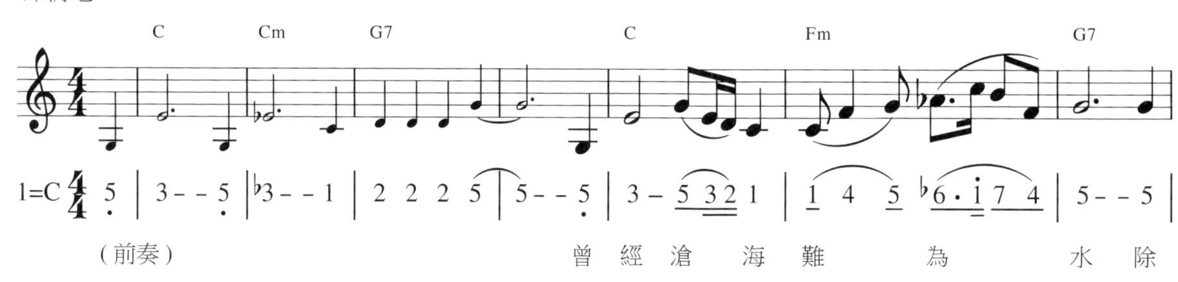

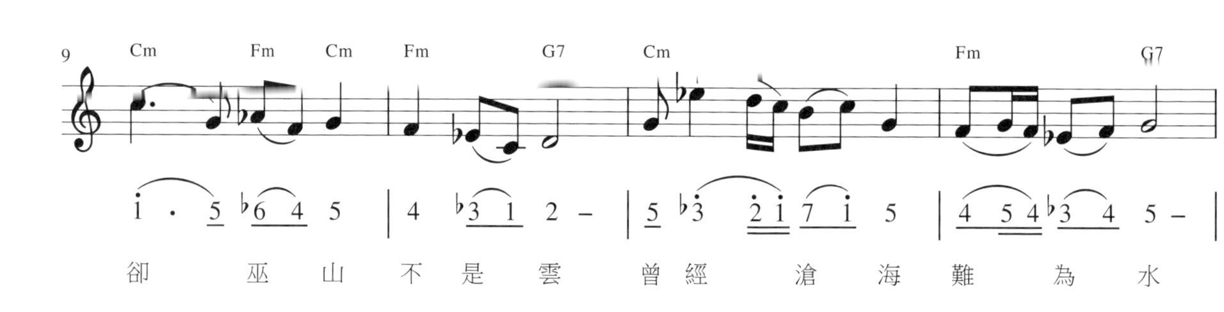

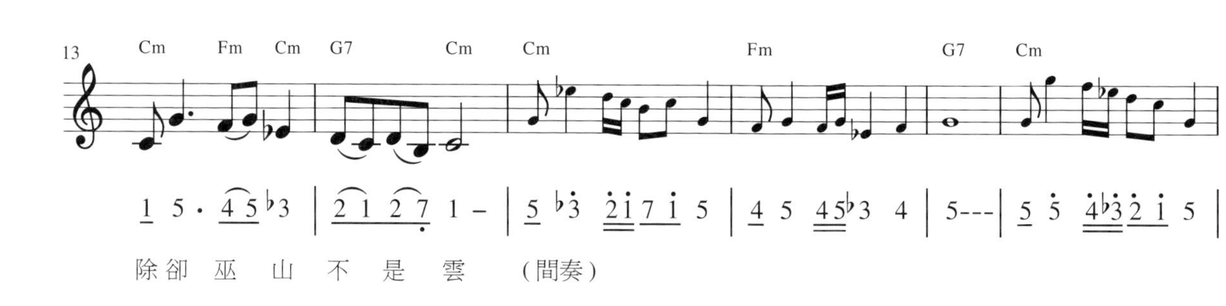

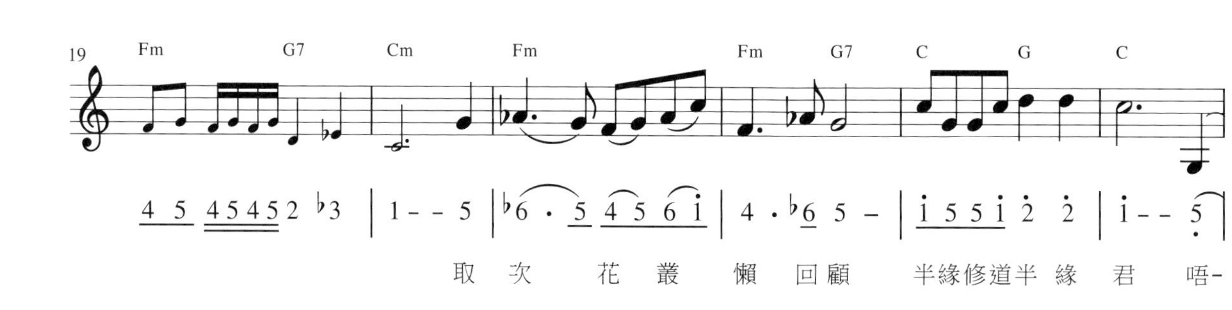

歌曲聆賞

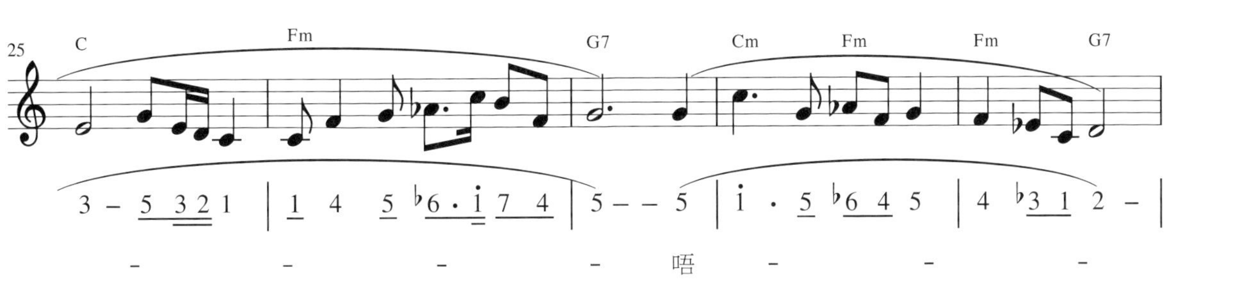
C
Fm
G7
Cm
Fm
Fm
G7
唔

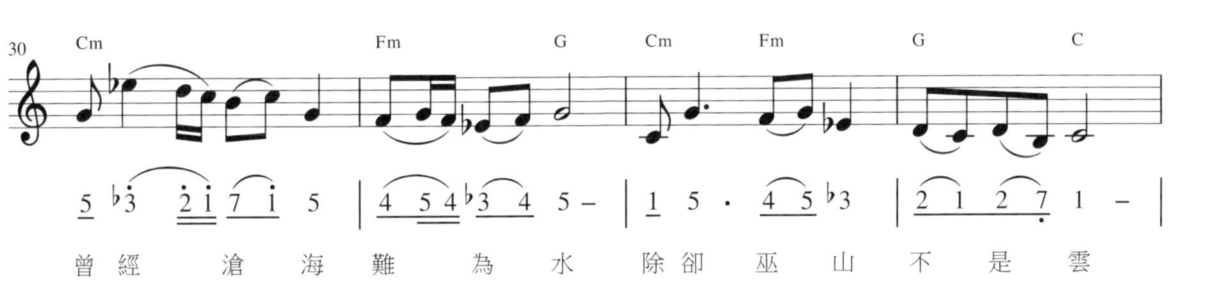
Cm
Fm
G
Cm
Fm
G
C
曾經　滄　海　難　為　水　除卻　巫　山　不　是　雲

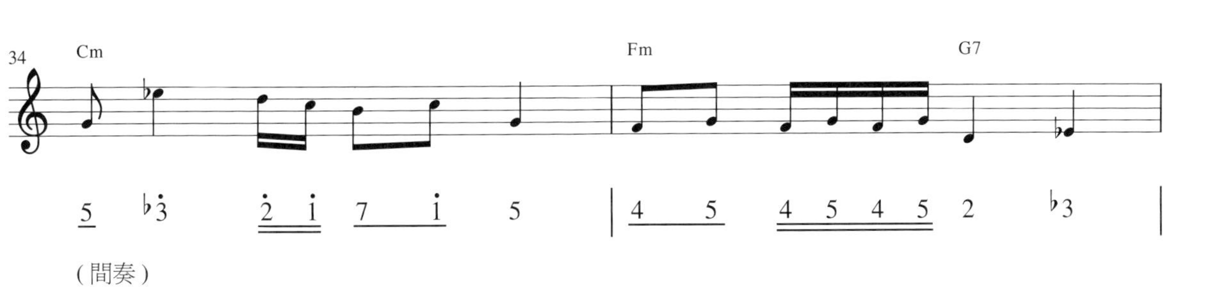
Cm
Fm
G7
(間奏)

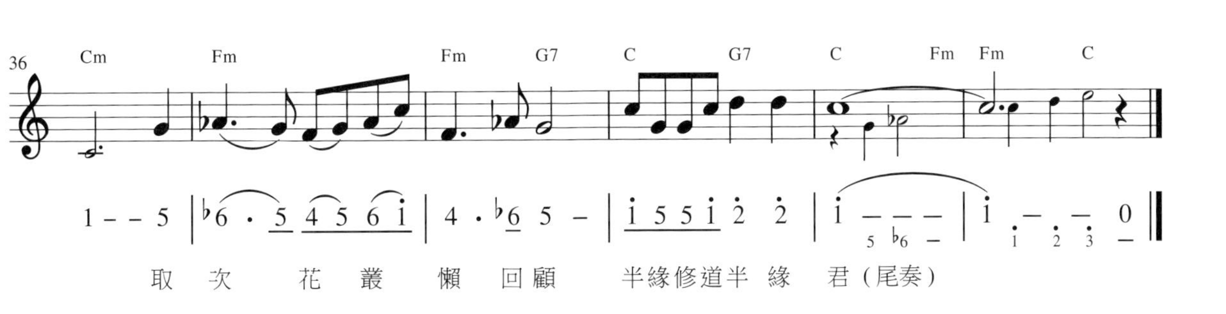
Cm
Fm
Fm
G7
C
G7
C
Fm
Fm
C
取　次　花　叢　懶　回顧　半緣修道半　緣　君(尾奏)

離　思 五首・其四　　唐／元　稹

曾經滄海難為水，除卻巫山不是雲。

取次花叢懶回顧，半緣修道半緣君。

賞樂知音

悠緩低迷的前奏，慢慢鋪陳一種懷舊的傷感，

一切從曾經說起，音樂裡悠悠走出一條時光隧道。

曾經滄海難爲水，除卻巫山不是雲，

這千古名句，適合凝著情思一字一字慢慢吟唱，

旋律中較多的半音音符帶來無限淒迷的韻味。

重複前兩句的時候，高音更高，低音更低，

似滄海之水排空而來，又似巫山朝雲凝結，

旋律盪人心魄，帶著深情與隱痛。

末了緩緩訴說情之所鍾，再也無心流連紅塵。

作爲七言絕句，僅有短短四句詞，

卻能譜出盪氣迴腸、感人至深的樂曲，

可見作曲者感受之深、功力之深。

曾經滄海難為水除卻
巫山不是雲取次花叢懶
回顧半緣修道半緣君
唐元稹離思
辛丑之秋 林隆達書

白話詩譯

孟子不是說過嗎？見識過滄海的波瀾浩蕩的人，是很難再爲尋常流水驚艷的。同樣，楚王經歷過巫山神女的朝雲暮雨，宮中妃嬪也就都難入法眼了！

你在我心中，就正是如此無可取代。自你走後，我偶爾也會遇到形形色色的諸多女子，卻再沒有誰能讓我心動。除了因爲這些年來我潛心修道，最重要的緣故，還是因爲我的心中只有你啊！

詩詞典故

此文慎入，悼亡詩高手的私生活……

元稹的〈離思 · 曾經滄海難為水〉，一般認為是為悼念亡妻韋叢而作，韋叢出身世家名門，下嫁元稹，二十七歲就因病過世。詩人懷念不已，遂寫下一系列悼亡之作。除了離思五首，另有〈遣悲懷〉三首，述婚後的貧窮艱苦，及妻子離世後他的歉疚、悲傷與思念，詩風質樸，動人肺腑，皆為詩人代表作。「誠知此恨人人有，貧賤夫妻百事哀」「惟將終夜長開眼，報答平生未展眉」等名句，皆出自元稹的悼亡詩。

不過，儘管「曾經滄海難為水，除卻巫山不是雲」被視為描寫用情專一、情有獨鍾的千古佳句，元稹實際的感情生活卻頗為風流。元曲著名曲目《西廂記》的故事題材即來自元稹所寫的傳奇《會真記》，《會真記》寫張生邂逅崔鶯鶯，巧計追求，卻始亂終棄。據後世考證，故事中的張生即為元稹本人，鶯鶯為元稹表妹。

元稹先是棄表妹而娶名門之女韋叢，韋叢過世同一年，元稹即在成都邂逅名妓薛濤，有了一段才子佳人風花雪月故事，兩年後納妾安仙嬪，三年後娶繼室裴淑。「取次花叢懶回顧」，他詩中說自己漫不經心地經過花叢（指女人們），都懶於回顧，不過愛妻過世後，他的感情生活還是挺忙碌的，一點都不懶呢！【編按】

⊙ 本單元插圖出自：夏祖明〈東坡閒居圖〉〈板橋閒逸圖〉

情有獨鍾

美人傾國，歡情恰如春風；
鵲橋歸途，情長不在朝暮。
偶聽得牆裏佳人笑，多情反自惱；
卻看見道上大雁死，真情感天地。
情之所鍾，正在我輩，
惟願與君相知，永不相違！

插圖出自：許文厚〈對梅圖〉

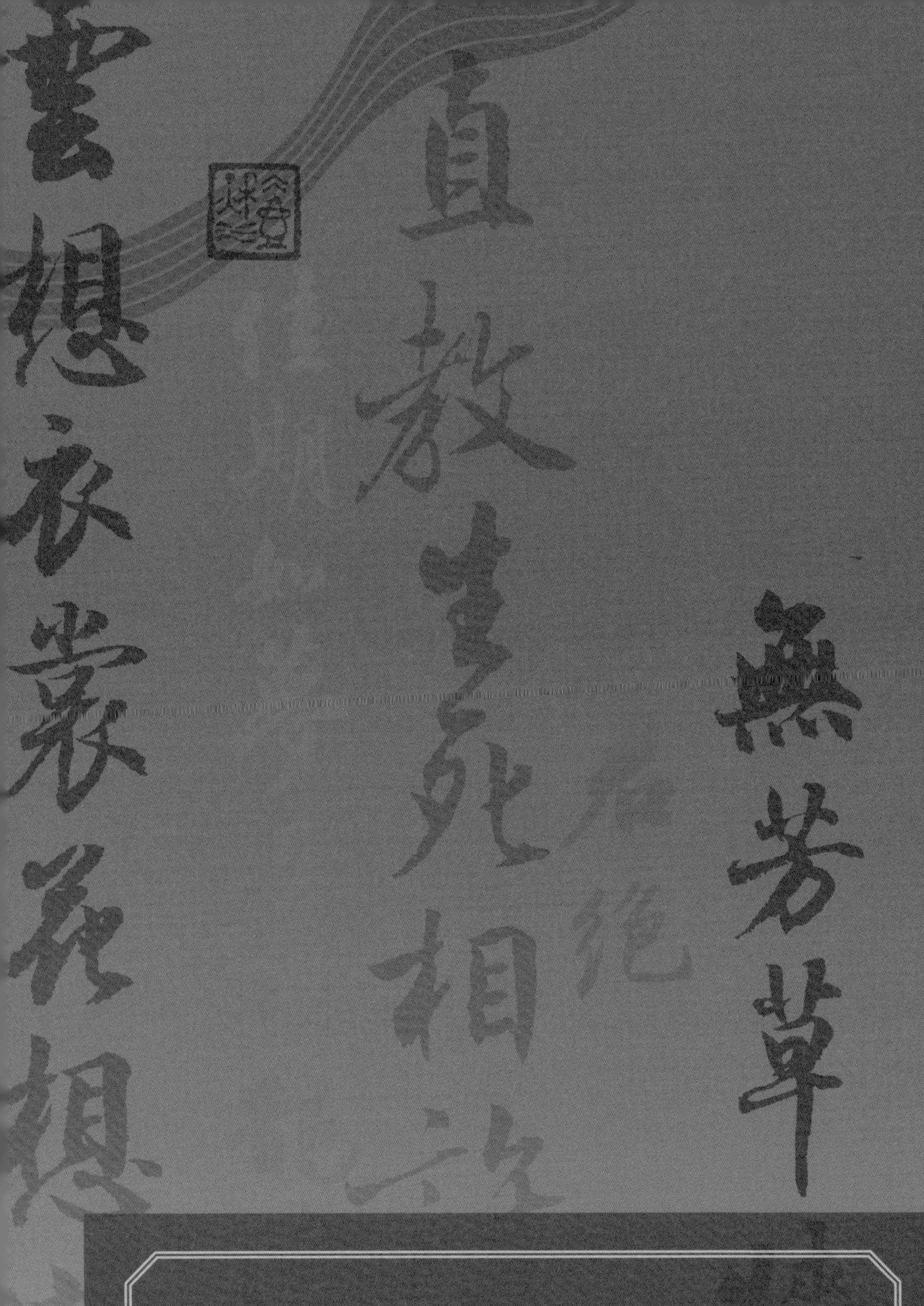

詩意激起的靈感，激發了音樂創作的動力，它是心靈情感的流露而非技巧的堆積。追求炫技，只會讓音樂失去生命與靈魂。　—— 王守潔

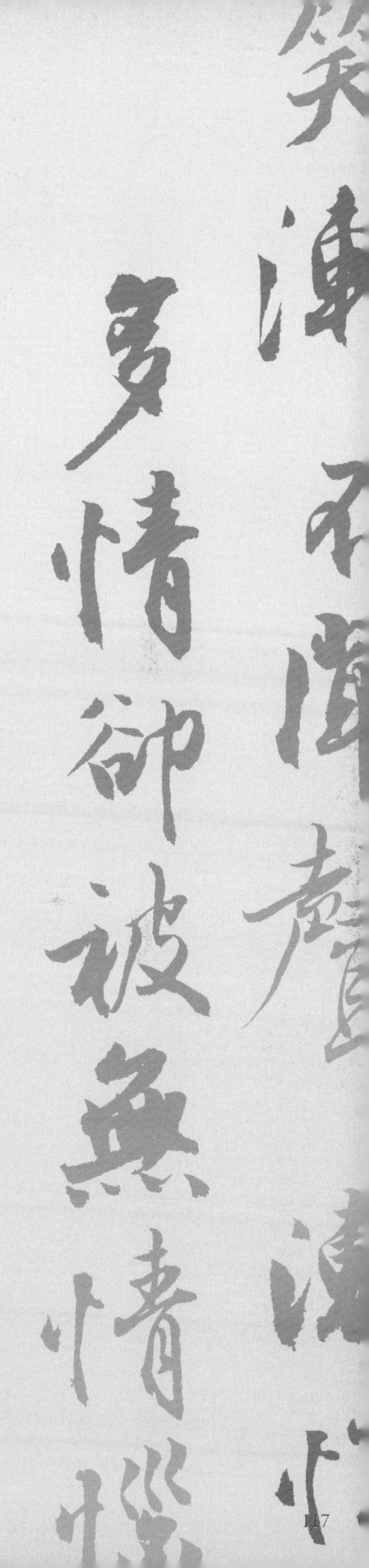

蝶戀花

不只是豪放的豪放派代表詞人　蘇東坡

情之始，常常是無心之感，既朦朧又飄忽，

那款被牽動的心情也如鞦韆般忽上忽下。

我們是否曾經也如那走過牆外的行人，

偶爾聽到牆內傳來少女銀鈴般的笑聲，

就莫名戀上這沒有交集的感情？

一道牆築起情意的世界，卻也隔絕了想望的目光，

花落水自流，也許我們戀的只是青春吧！

蝶戀花

詞：蘇　軾

曲：王守潔

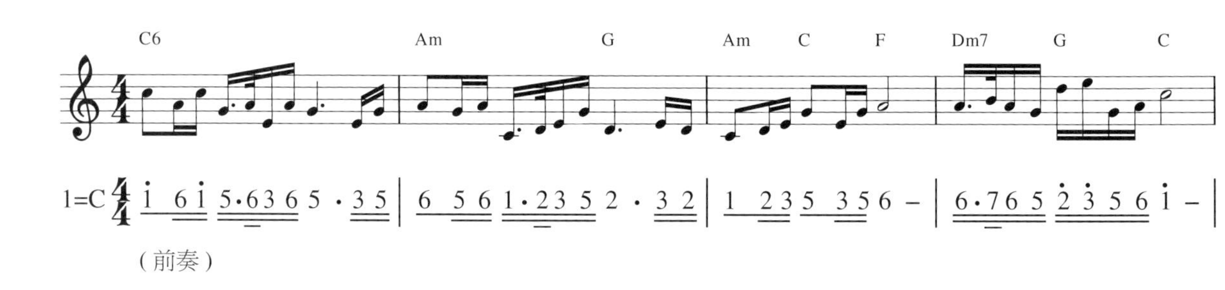
C6 Am G Am C F Dm7 G C
1=C 4/4
（前奏）

freely
5
C6 C6 G C6 C G7 C
花 褪 殘 紅 青 杏 小 燕 子 飛 時 綠 水 人 家 繞

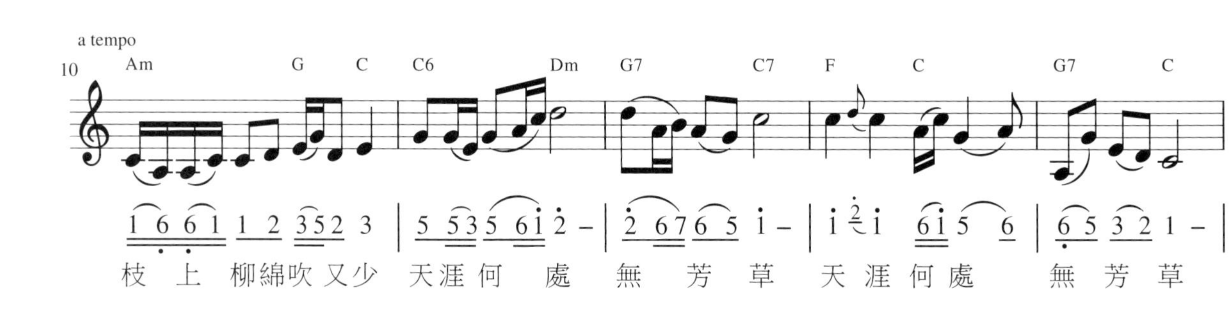
a tempo
10
Am G C C6 Dm G7 C7 F C G7 C
枝 上 柳綿吹 又少 天涯 何 處 無 芳 草 天 涯 何 處 無 芳 草

15
C6 Am G A C F Dm7 G C
（間奏）

歌曲試聽

19
C6 G7 C6 Dm7 G C6 G7
牆裡鞦韆牆外道 牆外行人牆裡佳人 笑 笑漸不聞聲漸悄

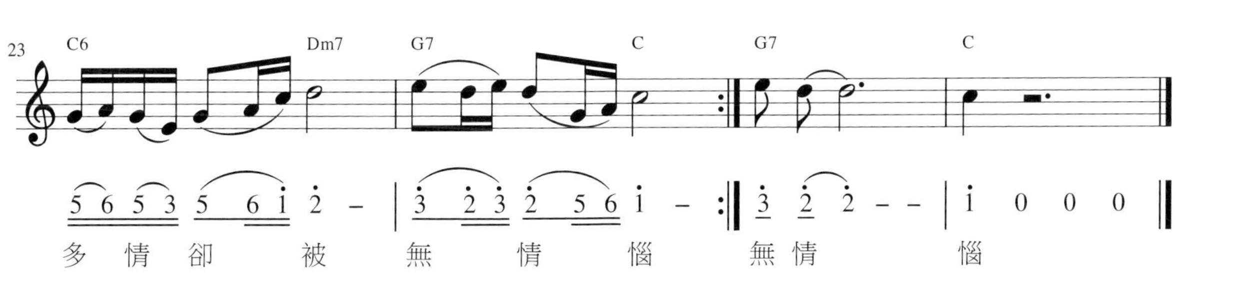
23
C6 Dm7 G7 C G7 C
多情卻被無情惱 無情惱

蝶戀花・春景　　宋／蘇　軾

花褪殘紅青杏小。燕子飛時，綠水人家繞。
枝上柳綿吹又少。天涯何處無芳草。

牆裏鞦韆牆外道。牆外行人，牆裏佳人笑。
笑漸不聞聲漸悄。多情卻被無情惱。

賞樂知音

前奏一串琴聲輕快玲瓏，帶著十足的喜悅感，
妙的是唱詞一開始，竟是濃濃的戲曲味，
自由的散板、飽滿的唱腔，娓娓道出那晚春景象：
雖然春紅謝去，卻見青杏長出，大自然生機勃勃。
散板後進板，進入規範的節奏，樂曲張弛有度，
就像詩人面對暮春的開朗情懷吧。

聽！牆裏鞦韆牆外道，牆外行人，牆裏佳人笑！
後半闋節奏輕快，那音符好似一晃一盪、左右搖擺，
充滿了畫面感：牆外男生被牆內的笑聲撩撥了感情，
但女孩自顧自地歡笑，自顧自地離開，
讓他相見不得、相思不成，只能搔首頓足、自嘆多情了！

雖是小曲，但變化的音樂層次，詼諧輕快的調性，
將曲中故事、心事演繹得生動可愛。

花褪残红青杏小燕子飛時绿水人家绕枝上柳绵吹又少天涯何處無芳草牆裏鞦韆牆外道牆外行人牆裏佳人笑ゝ漸不聞聲漸悄多情卻被無情惱

蘇東坡蝶戀花
春景 林隆達

白話詩譯

春天漸漸遠了，我的時運是不是也漸漸遠了呢？你看春花已落，青杏初生，燕子翻飛，綠水漸漲，連柳絮都快飄零淨盡了。雖然芳草連天，但誰是我的知音呢？

我眞像是一個牆外的過客，偶爾聽聞牆裏佳人閒盪鞦韆的盈盈笑語，而爲之想望傾倒。

但佳人何嘗知道有你近在咫尺？她盪完鞦韆就自顧自地進屋去了！卻徒然留下我這自作多情的過客，在牆外兀自煩惱呵！

詩詞典故

這闋詞讓她喜愛至極，又感傷至極……

蘇東坡除了開創豪放詞風以外，還寫了大量的婉約詞，這首〈蝶戀花．春景〉便是其中代表。清人王士禎《花草蒙拾》稱讚道：「枝上柳綿，恐屯田緣情綺靡未必能過。孰謂坡但解作大江東去耶？」意思是這首〈蝶戀花．春景〉連北宋婉約派詞風創始人柳永都未必超過呢，誰說蘇東坡只會寫「大江東去」這樣豪放的詞作？

宋人筆記多認為〈蝶戀花．春景〉乃蘇軾貶官廣東惠州時所作，而這闋詞與他的侍妾王朝雲緣分甚深。東坡被貶惠州時年近六十，他的第二任妻子也已經去世，只有朝雲追隨他前往惠州。她就是那位笑東坡「一肚子不合時宜」，而被東坡引為知己的女子。然而在惠州未滿兩年，朝雲就病逝，年僅34歲。

北宋釋惠洪《冷齋夜話》云：「東坡渡海，惟朝雲王氏隨行，日誦枝上柳綿二句，為之流淚。病極，猶不釋口。」「枝上柳綿吹又少」，朝雲在詞裡看到的是自己青春的流逝吧，因而傷感流淚，而她直至病重仍在持誦、不肯鬆口，或許她盼的是「天涯何處無芳草」的來生？

《林下詞談》則有這樣的記述：子瞻在惠州，與朝雲閒坐。時青女初至，落木蕭蕭，悽然有悲秋之意。命朝雲把大白，唱「花褪殘紅青杏小」，朝雲歌喉將囀，淚滿衣襟。子瞻詰其故，答云：「奴所不能歌是『枝上柳綿吹又少，天涯何處無芳草』也。」子瞻翻然大笑曰：「是吾正悲秋，而汝又傷春矣。」遂罷。朝雲不久抱疾而亡。子瞻終身不復聽此詞。【編按】

⊙ 本單元插圖出自：許文厚〈唐女鞦韆圖〉〈初音〉

清平調

青蓮居士謫仙人　李白

雲想衣裳花想容，花開灼灼，人面嬌媚，

正是春風無限、兩情歡洽之時。

貴妃美貌傾城，名花牡丹初開，

人花交融，都融在了唐玄宗帶笑的眼裡。

李太白這一組清平調雖是應詔之作，

卻盡顯天然才情、絕世豐神。

清平調

詞：李　白

曲：王守潔

中速

Cm　Am　Dm　G　Am　C　Dm7　G　C　F　G　C

1=C 3/4 5–35 | 6–5 | 1 2 3 | 5-- | 6 7 1 2 3 4 | 5 6 1 | 7· 1 6 2 | 5-- | 1–71 | 2 1 6 | 5 6 5 | 3--

（前奏）

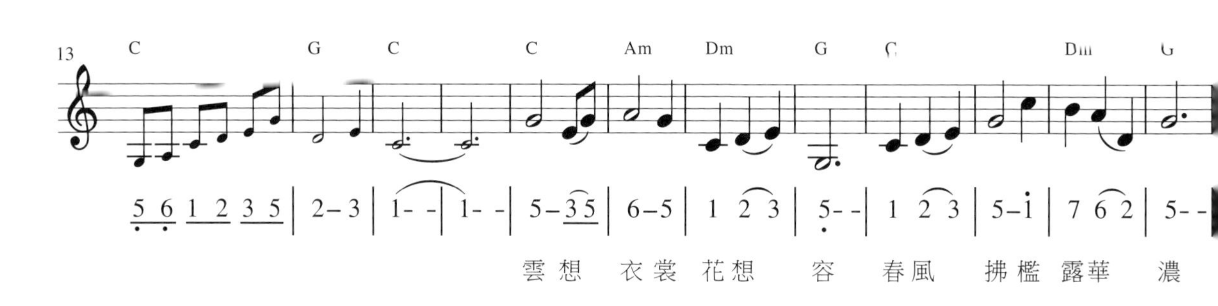

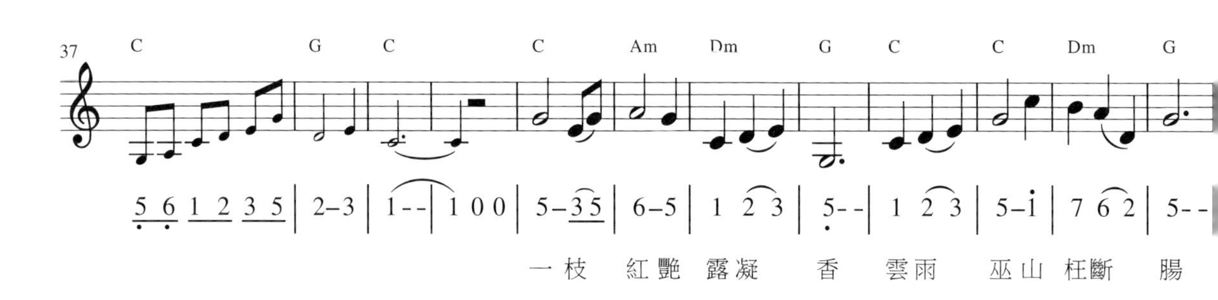

歌曲聆賞

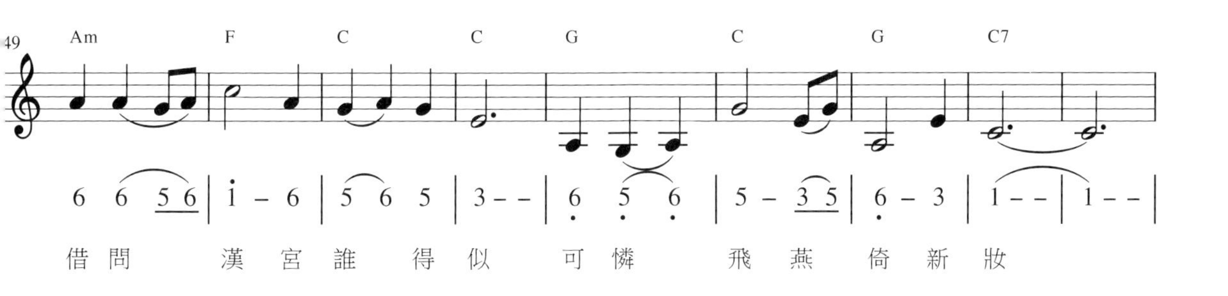
49
Am F C C G C G C7
6 6 5 6 | i – 6 | 5 6 5 | 3 – – | 6 5 6 | 5 – 3 5 | 6 – 3 | 1 – – | 1 – – |
借 問 漢 宮 誰 得 似 可 憐 飛 燕 倚 新 妝

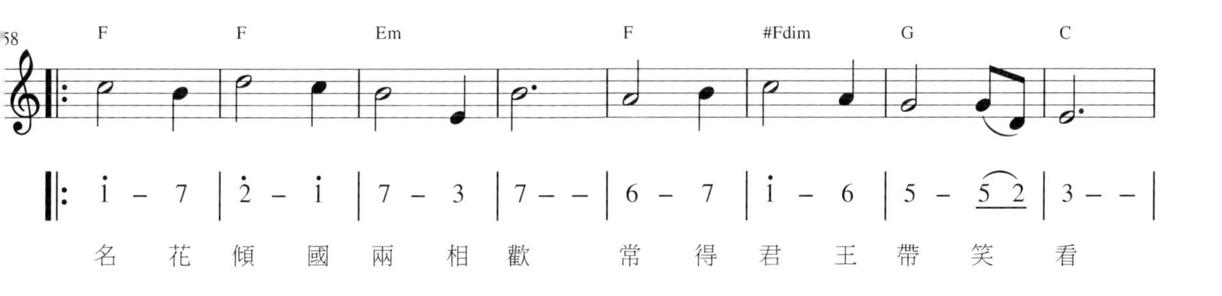
58
F F Em F #Fdim G C
i – 7 | 2 – i | 7 – 3 | 7 – – | 6 – 7 | i – 6 | 5 – 5 2 | 3 – – |
名 花 傾 國 兩 相 歡 常 得 君 王 帶 笑 看

1
C C G7 Dm7 G7 G7 C6
1 2 3 | 5 – 3 | 5 6 i | 2 – – | 7 6 7 | 6 – 5 | 2 – 6 | i – – | i – – :|
解 釋 春 風 無 限 恨 沉 香 亭 北 倚 欄 杆

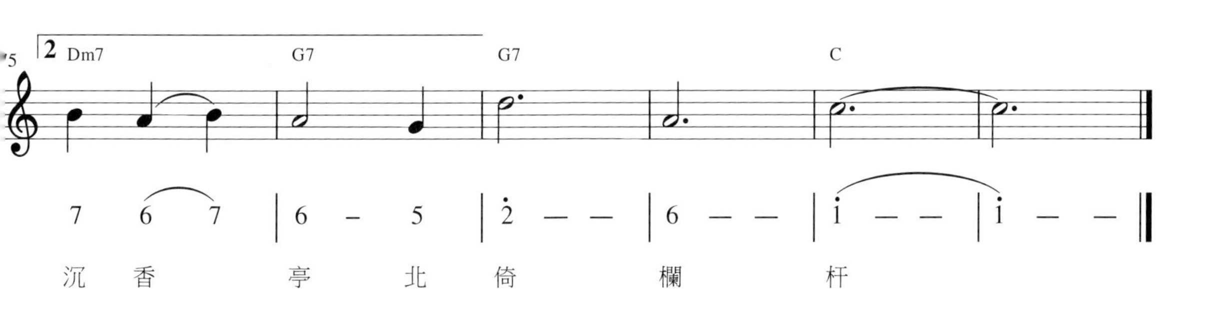
2
Dm7 G7 G7 C
7 6 7 | 6 – 5 | 2 – – | 6 – – | i – – | i – – ||
沉 香 亭 北 倚 欄 杆

清平調　唐/李　白

· 其一

雲想衣裳花想容，春風拂檻露華濃。

若非群玉山頭見，會向瑤台月下逢。

· 其二

一枝紅艷露凝香，雲雨巫山枉斷腸。

借問漢宮誰得似，可憐飛燕倚新妝。

· 其三

名花傾國兩相歡，常得君王帶笑看。

解釋春風無限恨，沉香亭北倚欄杆。

賞樂知音

輕快流暢的前奏洋溢著春風拂面般的喜悅之感，
前兩首詩旋律相同，抒情讚美，流動自然，
音符中散發著疏密、鬆緊的韻致。

以詩來看，三首形式相同而內容遞進，
作曲即需變化形式，以呼應詩的深沉內涵，
因此第三首幡然出新，高聲詠唱，
至「解釋春風無限恨」而到全曲情緒高潮。
詩人於極歡之際加一「恨」字，極富深意，
名花美人在前，正可消解君王的無限悵恨。

雲想衣裳花想容春風拂檻露華濃
若非羣玉山頭見會向瑤臺月下逢一枝
穠豔露凝香雲雨巫山枉斷腸借問
漢宮誰得似可憐飛燕倚新妝名花傾
國兩相歡長得君王帶笑看解釋春風
無限恨沉香亭北倚闌干
李白清平調 辛丑秋晴 林隆達書

白話詩譯

唐明皇宮中木芍藥盛開，帝偕貴妃賞花，並召李白入宮依清、平調賦詩，帝自吹笛倚聲。白揮毫立就，清雅婉麗，即此〈清平調〉三章，既詠芍藥，亦詠貴妃也。

抬頭望見天上的雲彩，就想起貴妃飄逸的衣裳；低頭欣賞盛開的芍藥，就想起貴妃美艷的容貌。當春風吹過，志得意滿的貴妃，就如飽含露水的芍藥，是如此嬌美無限。這難道是群玉山頭的仙子下凡現身嗎？還是瑤台的仙子被幸運的我們在月下偶然撞見？

一枝盛開的芍藥，連散發出來的香氣都是如此凝聚飽滿；君王寵幸貴妃，也是如此充滿蜜意濃情。眞比楚王神女畢竟只是夢幻一場的巫山雲雨要幸福多了！這樣的際遇史上少有，大概只有漢成帝之寵幸趙飛燕差堪比擬罷！但飛燕之美多憑粧扮，又不如貴妃之美純出天然呢！

芍藥名花與傾國美人爲伴，眞是相得益彰呀！難怪總得到君王滿心歡愉的觀賞。但鮮花是總有一天會萎謝的，君王和貴妃的歡情又眞能長長久久嗎？因著心中這難解的隱憂，倒讓在沈香亭北倚著欄杆賞花的君王，不由得沈吟起來了！

詩詞典故

「巫山雲雨」與「漢宮飛燕」可有言外之意？

好詩的流傳除了吟詠傳抄傳唱，還有賴名家點評。李白〈清平調〉組詩，歷來得諸多方家點評，讓我們更能領會詩中妙處。

有點評章法與內容者，如《唐詩別裁》：「三章合花與人言之，風流旖旎，絕世豐神。」有點評用字遣詞者，如《而庵說唐詩》：「花上風拂，喻妃子之搖曳；露濃，喻君恩之鄭重。」有點評風格氣韻者，如《詩法易簡錄》：「如此空靈飛動之筆，非謫仙孰能有之？」

更有分析言外之意者。對於李白詩中用到「巫山雲雨」「趙飛燕」典故的用意，評論家們還意見相左呢！「巫山雲雨」指三峽巫山神女與楚王歡會的神話故事，出自宋玉〈高唐賦〉；趙飛燕是漢成帝第二任皇后，曾專寵二十年。元代蕭士贇認為李白藉著巫山神女之荒淫與趙飛燕之出身卑賤、迷亂後宮，來指涉楊玉環，以此諷諫唐玄宗。而清代王琦反對這種說法，他說唐代文學家們經常用巫山雲雨、漢宮飛燕等典故表達讚美，並不以此為忌。

此詩做成後不久的天寶三年，李白即「懇求還山」，唐玄宗「賜金放還」，李白因此失意地離開長安。民間傳說是因為李白曾命高力士脫靴，高力士引以為大恥，因而言語誘使楊貴妃相信李白在詩中諷刺她。

同時代的范傳正為李白撰寫的墓碑文中，透露了重要訊息：「元宗甚愛其才，或慮乘醉出入省中，不能不言溫室樹，恐掇後患，惜而逐之。」「溫室樹」指宮禁中事，唐玄宗是擔心李白醉酒後洩漏宮廷機密，才疏遠了李白。【編按】

⊙ 本單元插圖出自：林章湖〈欣於所遇〉〈籠中鳥〉

鵲橋仙

北宋婉約派詞宗　秦觀

一次真情相許的會面，縱然短暫，

只因兩顆心銘記了這永恆的觸動，

便勝過多少世間伴侶平庸無趣的日夜相處！

牛郎織女一年一會，世人多以此為恨，

而秦觀卻獨闢蹊徑、發為妙論：

情長不在朝朝暮暮，情深能忍離別之苦。

鵲橋仙

詞：秦　觀　　　　曲：王守潔

柔情地

C　C　Fm　Fm　C　G7　G7

1=C 3/4　3 – i | 5 – – | ♭6 – i | ♭6 – 4 | 5 – 5 | 5 – 5 | 5 – – | 5 – – |

（前奏）

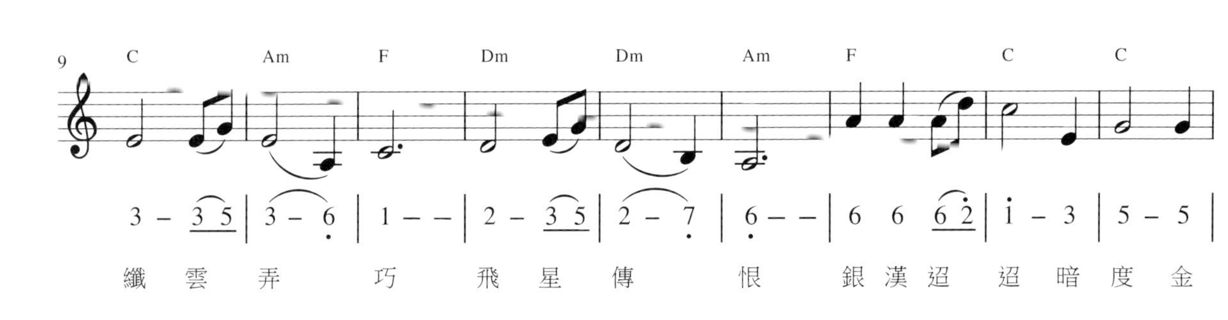

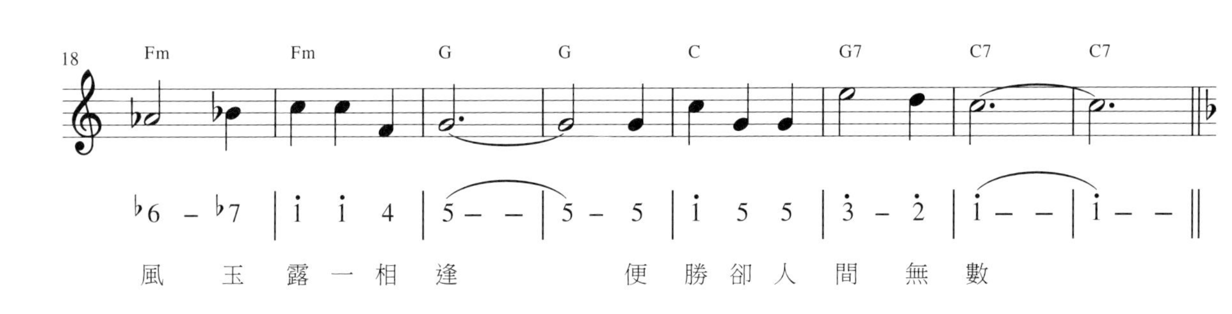

歌曲聆賞

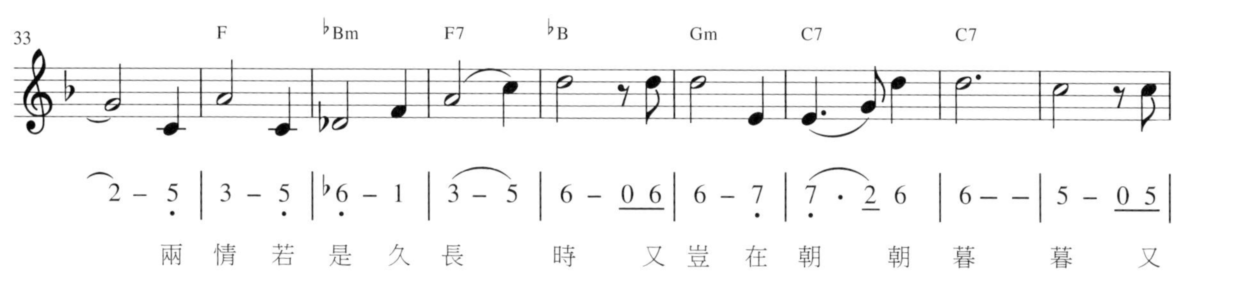
33
F ♭Bm F7 ♭B Gm C7 C7
2 – 5 | 3 – 5 | ♭6 – 1 | 3 – 5 | 6 – 0 6 | 6 – 7 | 7 · 2 6 | 6 – – | 5 – 0 5 |
兩情若是久長 時 又豈在朝 朝暮 暮 又

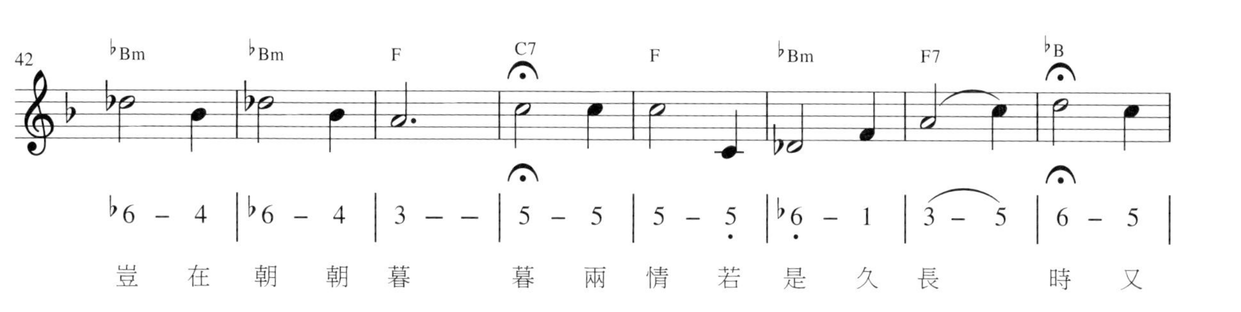
42
♭Bm ♭Bm F C7 F ♭Bm F7 ♭B
♭6 – 4 | ♭6 – 4 | 3 – – | 5 – 5 | 5 – 5 | ♭6 – 1 | 3 – 5 | 6 – 5 |
豈在朝朝暮 暮兩情若是久長 時又

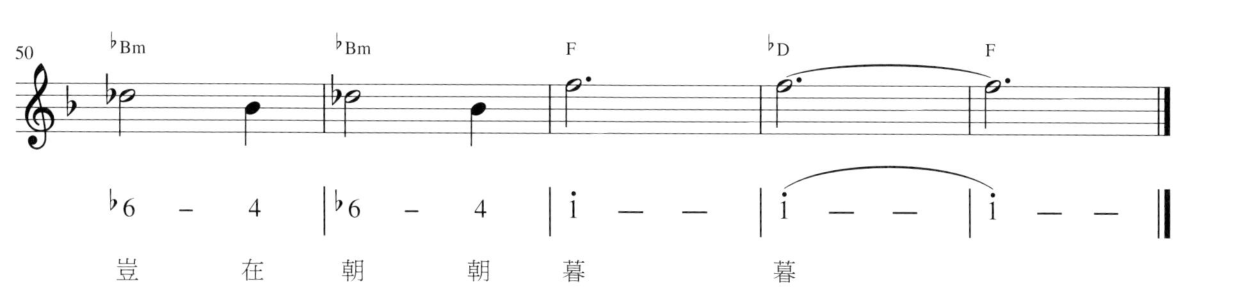
50
♭Bm ♭Bm F ♭D F
♭6 – 4 | ♭6 – 4 | i – – | i – – | i – – ‖
豈在朝朝暮 暮

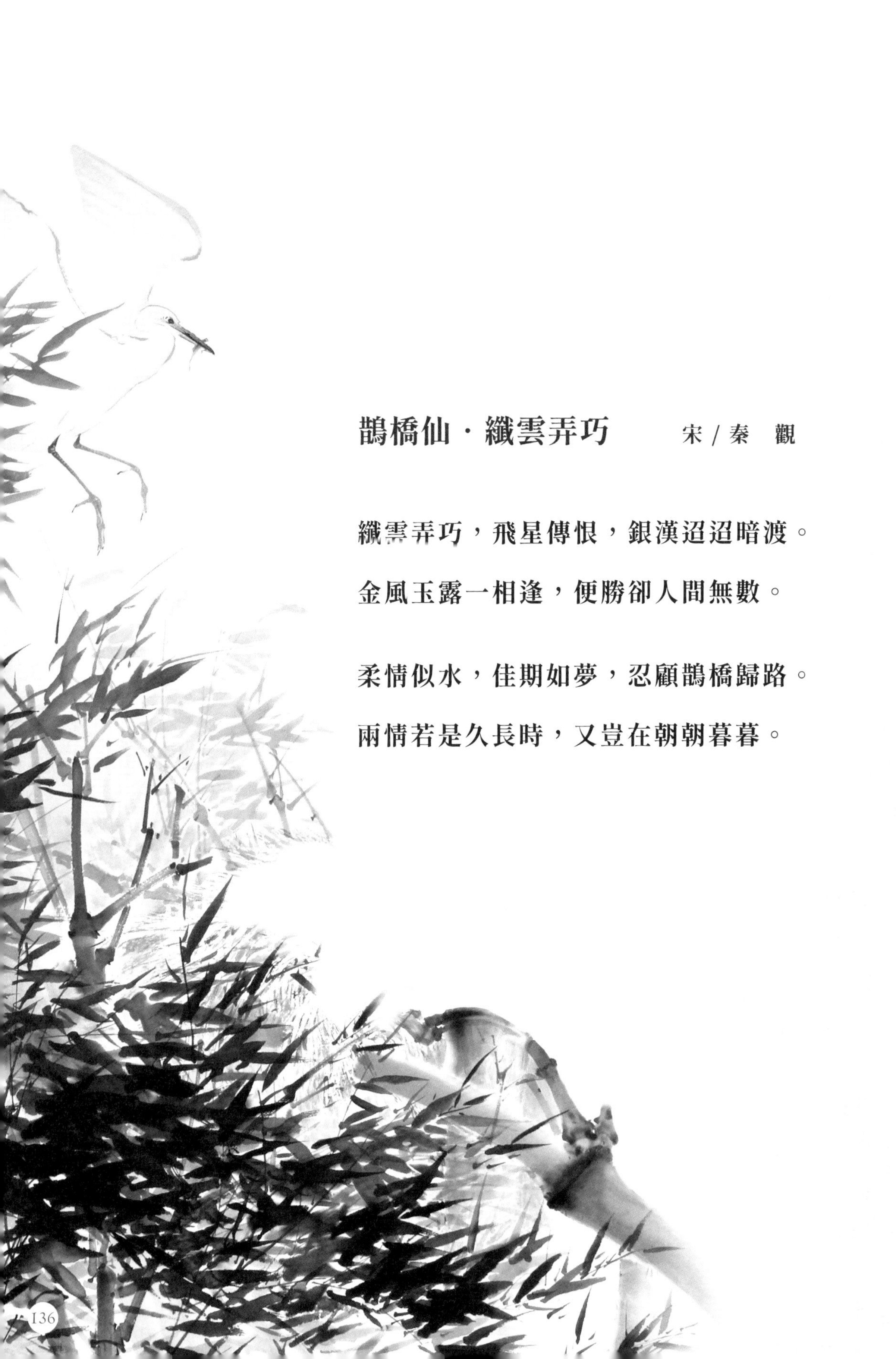

鵲橋仙・纖雲弄巧　　宋／秦　觀

纖雲弄巧，飛星傳恨，銀漢迢迢暗渡。

金風玉露一相逢，便勝卻人間無數。

柔情似水，佳期如夢，忍顧鵲橋歸路。

兩情若是久長時，又豈在朝朝暮暮。

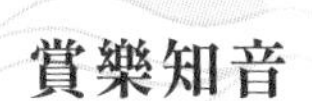

賞樂知音

如水的樂音，將詞裡的柔情緩緩吐出，

銀漢迢迢，那離愁別恨、相思憔悴，

都在相逢時化爲無限的幸福與感動，

第一段音樂色彩也從幽微轉爲明朗。

第二段時轉調，音樂色彩再次變化，

因爲相逢後，轉眼便是離別時分，

怎忍心回顧鵲橋那頭漸行漸遠的身影？

樂曲的感情表達正出自詞的內容與意境，

作曲家爲此做了多種音樂變化表現。

到了「兩情若是久長時，又豈在朝朝暮暮」，

樂曲以反覆加以強調，節奏變寬，音高上揚，

將這堅定純粹的愛情，詠唱成精神至美的高音！

纖雲弄巧飛星傳恨銀漢迢迢暗度
金風玉露一相逢便勝卻人間無數
柔情似水佳期如夢忍顧鵲橋歸
路兩情若是久長時又豈在朝朝暮暮

秦觀鵲橋僊　林隆達書

白話詩譯

雲兒也許有心，星星也許無意，但就是奇妙地烘染出這麼一個浪漫的情境，讓人與人間邈遠如銀河般的距離倏然消失，而兩情竟乍然相遇。

這適時有眞情流露，心意相通的美麗邂逅呵！雖一生就此一次，也早已勝過世間男女的無數次的約會了！

咀嚼著這似水柔情，偶然的歡愉卻終須一別，又怎能不留戀瞻顧，不忍離去？但留戀其實多餘，因爲眞情剎那已是永恆，又何待人間的朝夕相處呢？

詩詞典故

當心，只要被蘇東坡取了綽號……

詠中秋詞作，當以蘇軾〈水調歌頭〉為尊；詠七夕，則首推秦觀〈鵲橋仙〉了。秦觀，字太虛，後字少遊，是蘇門四學士之一，蘇東坡最愛重的學生。師生間情誼深厚，蘇東坡還是秦觀進入仕途的貴人。不過，秦觀的後半生卻也受老師牽連，變法派執政後，他步蘇東坡之後被貶謫到蠻荒之地。

秦觀被後世稱為婉約派一代詞宗，他有一個綽號叫「山抹微雲君」。原來有一次他經紹興，在當地太守款待的宴席上看中一名歌妓，就賦了一首〈滿庭芳〉，首句便是「山抹微雲」，後面更有「銷魂當此際，香囊暗解，羅帶輕分。漫贏得青樓薄倖名存」的香豔詞句，這種詞風與柳永相近，柳永詞俚俗，善寫青樓男歡女愛之情，多為當時士大夫所鄙視。秦觀的這首〈滿庭芳〉大受歡迎，以致於他人在途中，作品已傳到蘇東坡耳裡。

《高齋詩話》裡記載了師生重逢的場景。東坡曰：「不意別後，公卻學柳七作詞！」少遊曰：「某雖無學，亦不如是。」東坡曰：「銷魂當此際，非柳七語乎？」蘇東坡責叱學生學柳永作詞，秦觀辯解說沒有，但蘇東坡舉了「銷魂當此際」為證，他當然沒法再狡辯了。蘇東坡還作了一副對聯調侃他：「山抹微雲秦學士，露花倒影柳屯田。」於是，「山抹微雲君」就成了秦觀的別號。看來，只要被蘇東坡取過綽號，往往就「名留青史」了。

據說，蘇門四學士中，蘇東坡其實最喜歡秦觀，只是擔憂他的氣格不高。話說回來，山抹微雲的「抹」字新奇別緻，看似信手拈來，卻自然成趣。以此為號，雖略帶調侃，卻也不失為一樁文壇雅事。　【編按】

⊙ 本單元插圖出自：林章湖〈風竹白鷺〉〈留住傘洲〉

相　知

民間詩歌集大成者　漢樂府

上邪，公推為史上最強烈的愛情誓言詩。

讓我們想像，兩千年前的某一位女子，

彷彿用熾熱的生命吶喊出了火一般的誓言，

她的熱力橫掃過溫雅纏綿婉約的唐詩宋詞，

至今讀來仍然灼熱、奔放、熠熠發光。

詩中奔騰的想像已經失去理性的控制，

她要愛到天崩地毀、天地相接，才敢斷絕！

相 知

詞：漢樂府

曲：王守潔

深情地

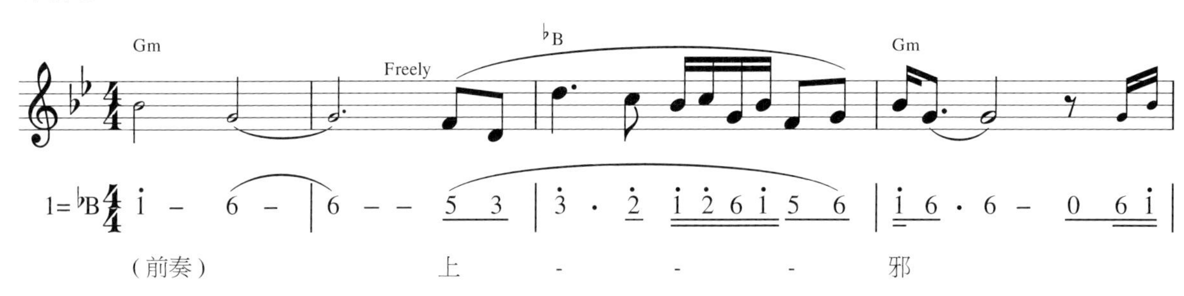

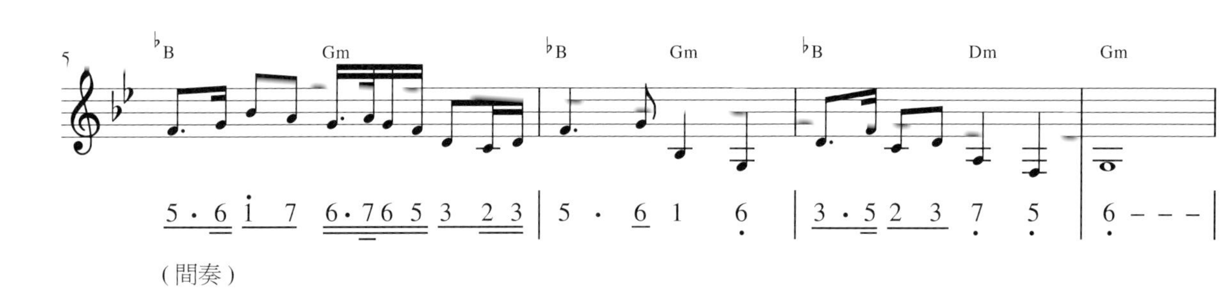

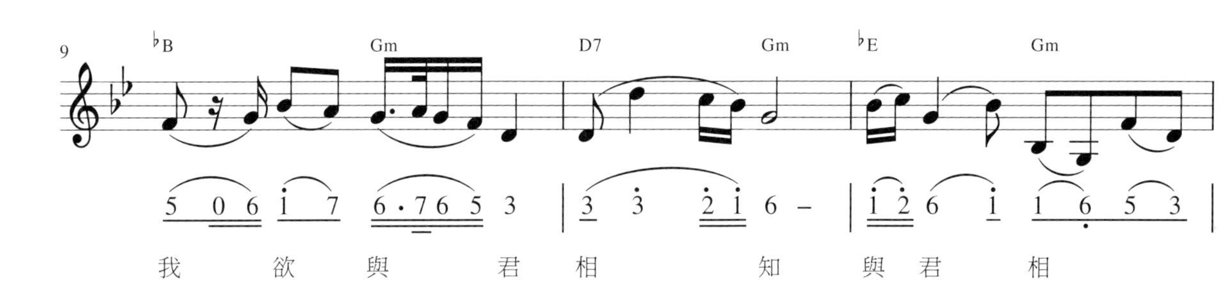

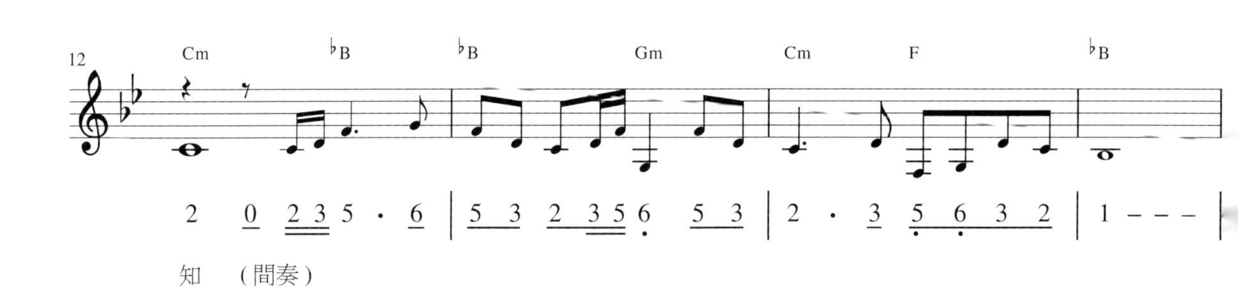

歌曲聆賞

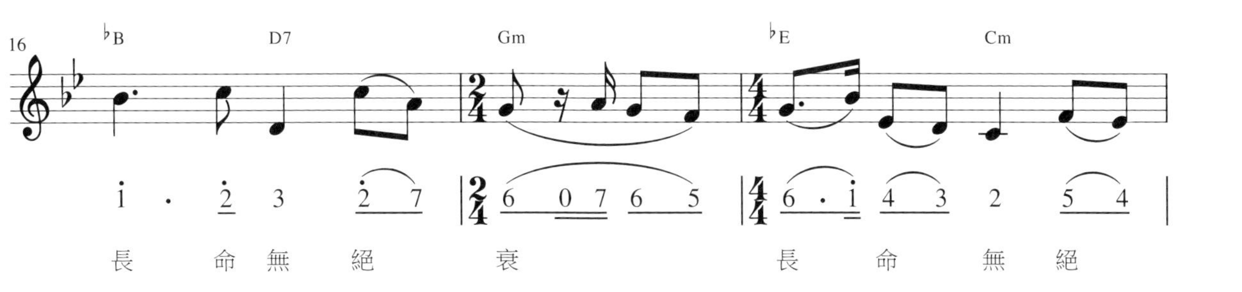
16
♭B D7 Gm ♭E Cm
長 命 無 絕 衰 長 命 無 絕

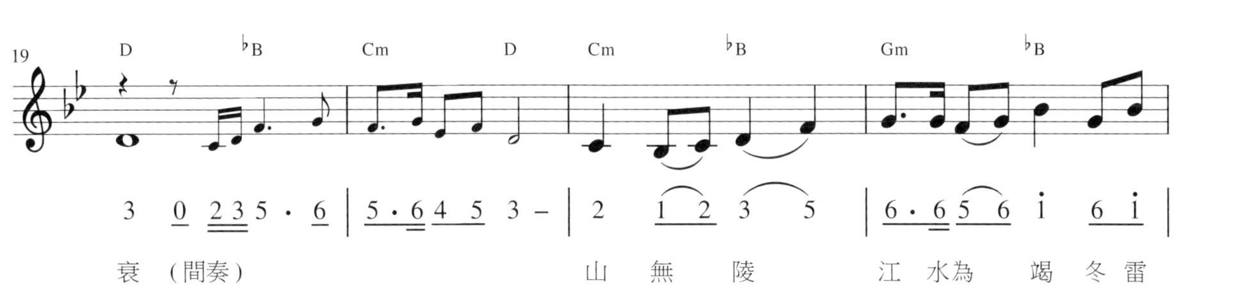
19
D ♭B Cm D Cm ♭B Gm ♭B
衰（間奏） 山 無 陵 江 水為 竭 冬雷

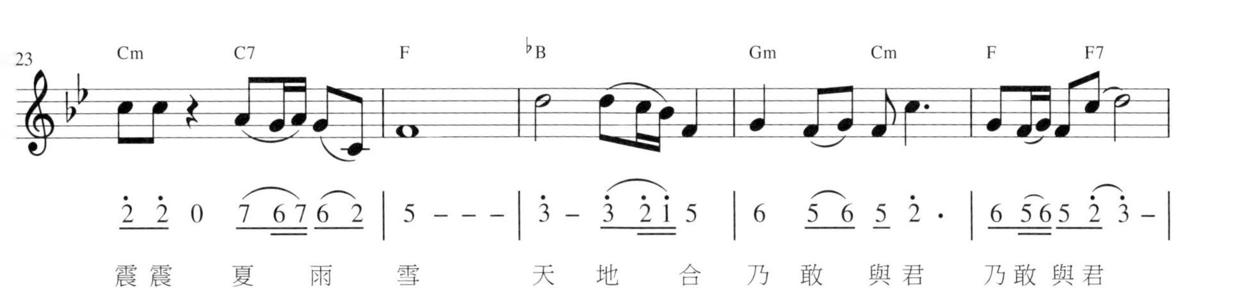
23
Cm C7 F ♭B Gm Cm F F7
震震 夏 雨 雪 天 地 合 乃 敢 與君 乃敢與君

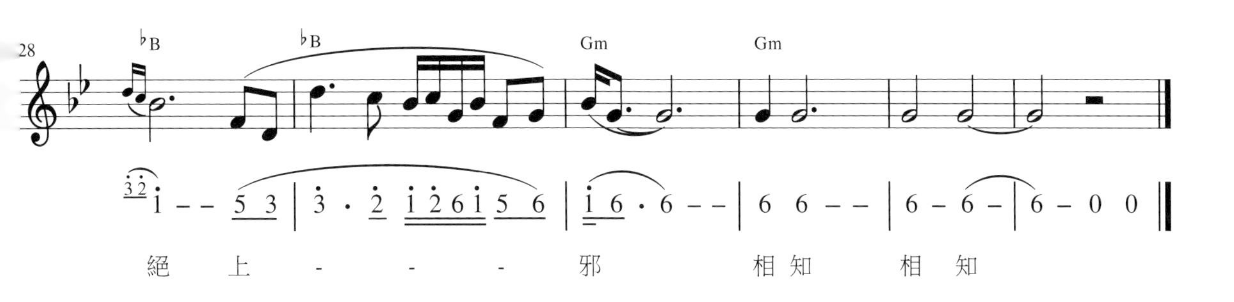
28
♭B ♭B Gm Gm
絕 上 - - - 邪 相知 相 知

上　邪　　漢樂府

上邪，我欲與君相知，長命無絕衰。

山無陵，江水為竭，冬雷震震夏雨雪。

天地合，乃敢與君絕！

賞樂知音

起句即以氣場勝出，上邪二字盪氣迴腸、響遏行雲，

彷彿望入青空，要讓上天感應她鄭重起誓的心情。

一段抒情間奏，便把愛的深情濃愁都蘊含在裡面了。

誓言一開始，我欲與君相知，長命無絕衰，

帶入了濃濃戲曲味，音韻尙屬婉轉典雅。

接著，詩人列舉五種不可能發生的自然現象來發誓，

其中冬雷震震，用休止符營造危險急促、氣勢緊繃之效，

夏雨雪，旋律則放慢放柔，情思悲涼，恰如雪絲綿綿，

天地合，再起高亢之音，情緒澎湃一如江河直下！

這五個詞由強而弱而至最強，由緊而鬆而達最緊，

可謂張弛有度，氣勢連綿，撼人心絃！

誓言發完，再唱上邪二字，儀式正式結束，

曲末，作曲家將相知二字做了憶夢般的再現，

這餘韻悠然，便是至情者那不斷呼吸吐納的靈魂了。

上邪我欲與君相知長命無絕衰山無陵江水為竭冬雷震震夏雨雪天地合乃敢與君絕

上邪 漢樂府

歲次辛丑穆風瑟瑟 林隆達

白話詩譯

這首民歌，作者(或至少設定的發言者)顯然是一位女性。詩中流露出她的感情態度之堅定果絕，真令人驚心動魄。但是在男尊女卑的古代，這只是一種柔性的依附還是一種逆勢而作的剛烈宣示呢？我讀這詩時卻有兩可之感。因此譯白也就有偏柔偏剛的兩個版本，很好奇你讀了會比較喜歡那一個版本？

溫柔版：

我想跟你長相廝守；一直到地老天荒，我的愛都不會變少，更不會變沒有。除非高山崩塌，江水枯竭，冬天打大雷，夏天下大雪；總之，就是要到了天崩地裂，世界毀滅，那一刻我才會跟你分別。

剛烈版：

我已經決心永遠跟定你了，你莫想把我甩掉！你的心會不會變我不管，我的心是永遠不會變的！除非高山都崩塌了！江水都枯竭了！冬天會打大雷，夏天會下大雪；除非天崩地裂，世界毀滅！否則，我是永遠不會跟你分別的！

詩詞典故

漢朝女子教你怎麼愛怎麼恨

〈上邪〉一詩，乃漢樂府《鐃歌十八曲》之一，其字短情烈，氣勢奔放，動人心魄，被後世視為「短章中神品」。同屬十八曲的另一首〈有所思〉，風格與之相近，可以說是姊妹篇。〈上邪〉寫愛情的堅定誓言，〈有所思〉則寫愛情的決裂，其中有這樣的詩句：「聞君有他心，拉雜摧燒之。摧燒之，當風揚其灰！從今以往，勿復相思，相思與君絕！」語言質樸、感情強烈，兩詩相看，漢朝民間女子的個性風貌躍然眼前，因此有人笑稱，愛你時是〈上邪〉，恨你時是〈有所思〉，這就是敢愛敢恨的漢朝女子。

〈上邪〉一詩，連續使用多種不可能的自然現象來對愛情發誓，其言如此如此，然後才敢絕，恰恰表明終不可絕、永不變心，可以說是「理不通而情通，無理而妙」。這一鮮明的藝術特徵直接影響了五代時期的著名敦煌曲子詞〈菩薩蠻〉：

枕前發盡千般願，要休且待青山爛。

水面上秤錘浮，直待黃河徹底枯。

白日參辰現，北斗回南面。

休即未能休，且待三更見日頭。

相似的文詞構思甚至傳衍至現代流行音樂，電視劇《還珠格格》的主題曲〈當〉便是這麼唱的：

當山峰沒有稜角的時候，當河水不再流，

當時間停住，日夜不分，當天地萬物化為虛有，

我還是不能和你分手，不能和你分手……　【編按】

⊙ 本單元插圖出自：穆賽〈雪山幽居〉〈江舟漁隱〉

雁丘詞

金元之際的凌雲健筆　元好問

問世間情為何物，直教生死相許？

殉情的大雁震撼了十六歲詩人敏感的內心。

元好問此句一出，便成古今愛情絕唱。

情之深，使人在天願作比翼鳥，在地願為連理枝，

情之篤，不由得茫茫人海裡，眾裡尋他千百度，

情之切，教人衣帶漸寬終不悔，為伊消得人憔悴，

然而，當愛情與生命相比呢？

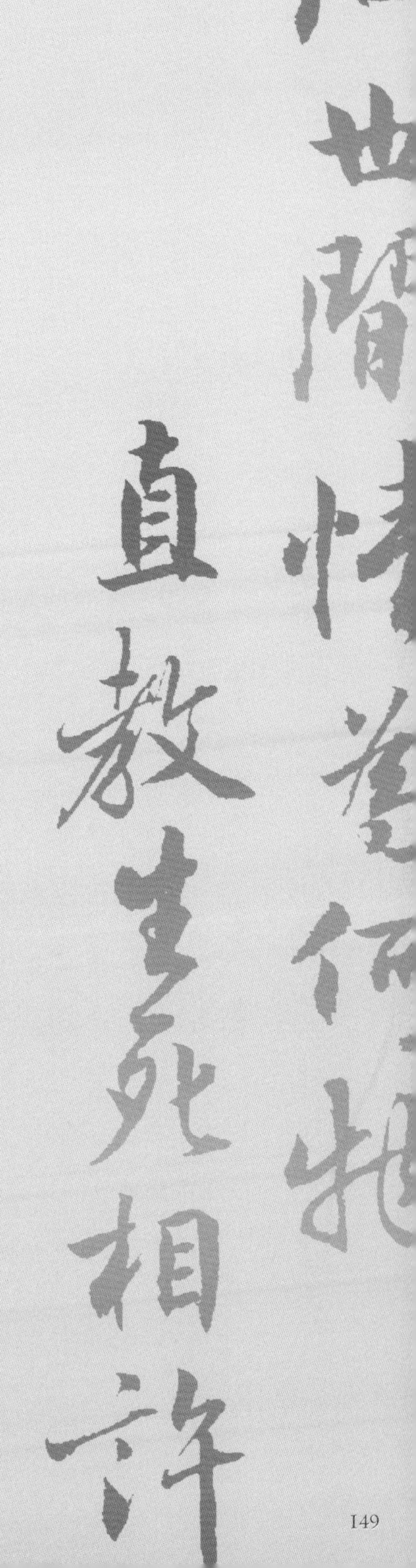

雁丘詞

詞：元好問

曲：王守潔

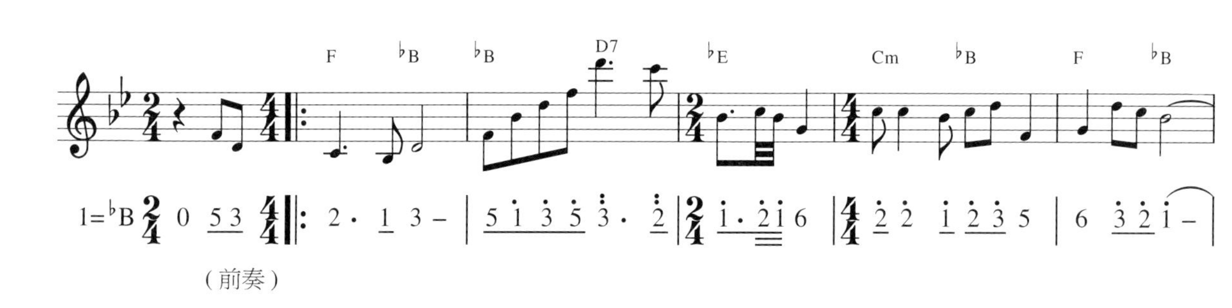

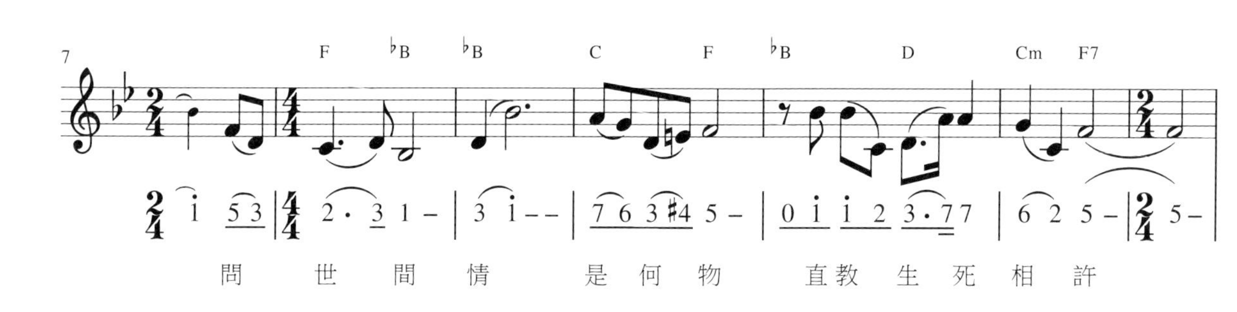

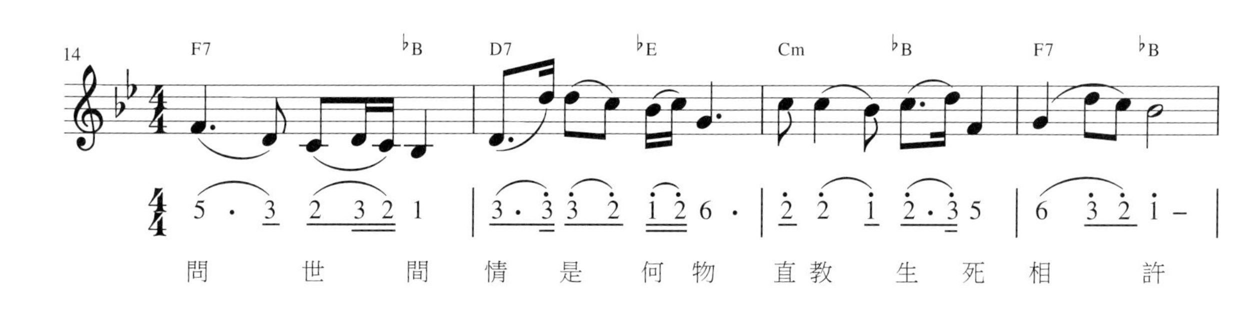

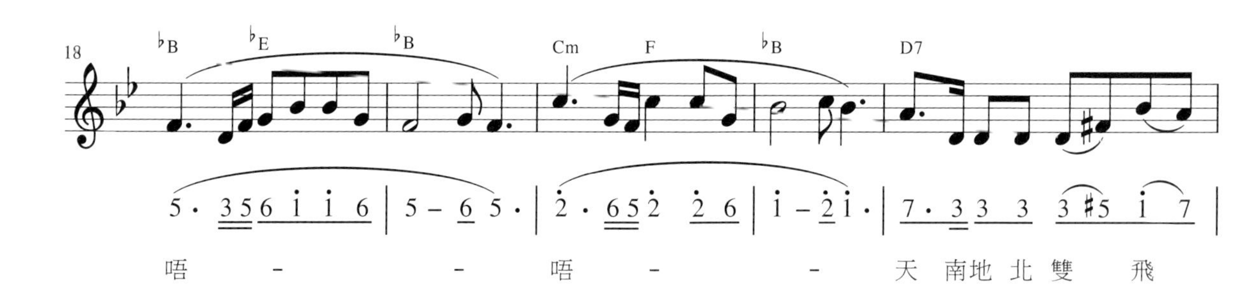

歌曲聆賞

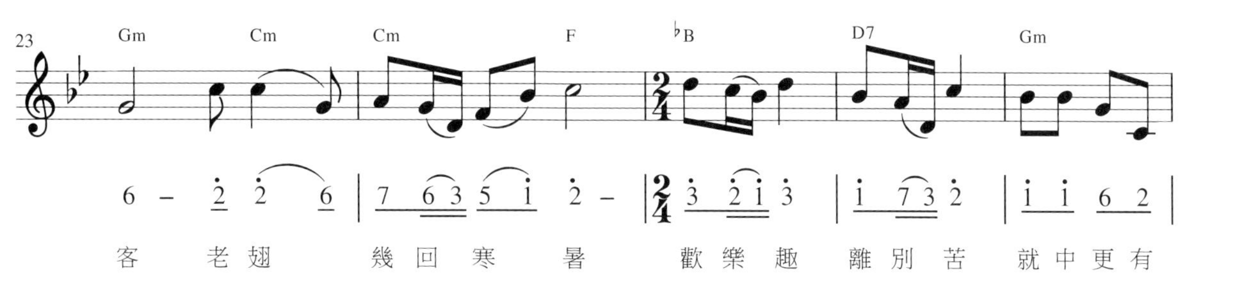
Gm Cm Cm F ♭B D7 Gm
客 老翅 幾回寒 暑 歡樂趣 離別苦 就中更有

C F ♭B ♭B Gm Cm
rit.
a tempo
癡兒女 君應有語 渺萬里層雲 千山暮雪

♭B F ♭B ♭B Cm F7 ♭B F
隻影向誰去 (間奏) 隻影向誰去 向誰去

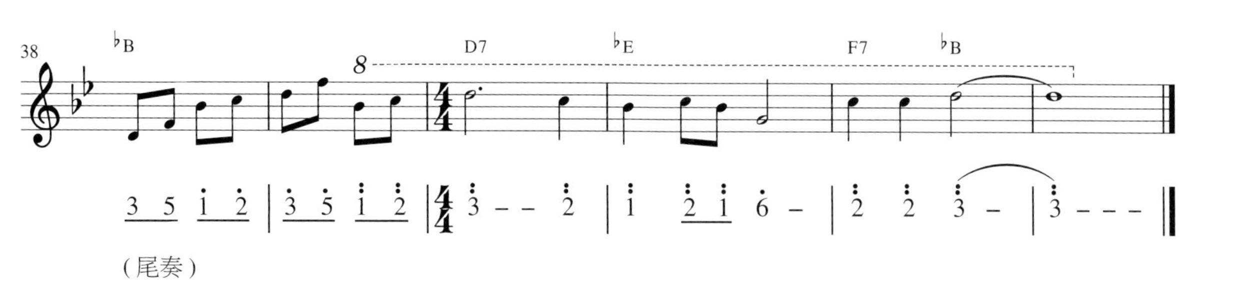
♭B D7 ♭E F7 ♭B
(尾奏)

摸魚兒・雁丘詞　　金、元 / 元好問

問世間、情爲何物，直教生死相許？

天南地北雙飛客，老翅幾回寒暑。

歡樂趣，離別苦，就中更有癡兒女。

君應有語：渺萬里層雲，千山暮雪，隻影向誰去？

橫汾路，寂寞當年簫鼓，荒煙依舊平楚。

招魂楚些何嗟及，山鬼暗啼風雨。

天也妒，未信與，鶯兒燕子俱黃土。

千秋萬古，爲留待騷人，狂歌痛飲，來訪雁丘處。

賞樂知音

聽，那收放自如的前奏流淌出的深情旋律，

它似已向「情」之一字發出無限的喟嘆。

「問世間情是何物？」「問世間情是何物？!」

如果說第一遍是悠悠的探問，第二遍便是揪心的索問。

問過之後，天地無語，風煙俱收，林泉幽咽，

一段「嗚——」的唱腔，是一個意味深長的留白。

想那一雙大雁南來北往、雙飛雙棲，如今驟然生離死別，

歌聲娓娓訴說，彷彿掠過一生的光影。

生命因情而生，也因情而歇止。

世間的癡兒女啊，只因不願獨活、不願獨飛，

千山萬水、層雲暮雪，都成了生命難以承受的悲戚。

這深情高歌猶似含淚凝睇，直到歌聲漸歇，

那餘韻，猶帶著雁羽的殘影，遁入蒼茫……

問世間情為何物直教生死相許天南地北雙飛客
老翅幾回寒暑歡樂趣離別苦就中更有癡兒
女君應有語渺萬里層雲千山暮雪隻影向誰
去橫汾路寂寞當年簫鼓荒煙依舊平楚招
魂楚些何嗟及山鬼暗啼風雨天也妒未信與
鶯兒燕子俱黃土千秋萬古為留待騷人狂歌
痛飲來訪雁丘處

元好問摸魚兒雁丘詞
辛丑夏夜 林隆達書

白話詩譯

我的心中一直存著一個永恆的疑問，就是愛情爲什麼具有這麼不可思議的力量，能讓人連放棄生命都在所不惜？

就以我眼前所見這殉情的大雁爲喻罷：他們多少年來，寒來暑往；千里比翼，甘苦共嚐。但長久恩愛的歡情，卻橫被這生離死別所摧折。這深心的悲苦，不正是世間多少愛情悲劇的寫照？

我設想牠在殉情的那一刻，心中也一定有這樣的感慨：儘管南北萬里，依然暮雪層雲，但其間已再找不著你的身影，只剩我隻影單飛，又還有什麼意義？還不如就隨你而去，以見證我們間愛情的永恆不朽罷！

詩詞典故

當愛情觸動十六歲天才的心靈……

元好問在〈雁丘詞〉前留下了一段題記，講的是他創作這首詞的背景故事。金章宗泰和五年，十六歲的元好問赴並州應試，在路上遇到一個捕雁的獵人。獵人說他早上用網子抓到了一隻大雁，殺了，脫網的另一隻大雁在空中悲鳴著不肯離去，而後竟然撞地而死。大雁殉情，獵人嘖嘖稱奇。年輕的元好問聽罷，深受觸動，出錢將兩隻大雁的屍體買了下來，鄭重地合葬在汾河旁，堆砌石頭做為標誌，稱為「雁丘」。同行的文人都為大雁賦詩，元好問也作了這首〈雁丘詞〉。

詩中「橫汾」就是他葬雁的地方，千年前漢武帝劉徹曾巡遊此處，還在〈秋風辭〉裡寫下「泛樓船兮濟汾河，橫中流兮揚素波」的熱鬧景象，但如今這裡卻簫鼓絕響，只剩淒冷煙樹。年輕的詩人相信「鶯兒燕子俱黃土」，而雁丘卻能「千秋萬古」長存，留待詩人騷客深情祭奠，可見真愛在他心中至高無上的不朽地位。元好問晚年時將詞中音律不合處略作改訂，但大致仍是當年手筆。這千古愛情詩篇竟出自十六歲少年之手，多令人驚嘆呀！

在中國歷史上，女真人建立的金朝並非正統王朝，一者沒有取得全面性政權，二者享國僅一百多年就被元朝所滅。元好問作為金朝的遺民詩人，過去比較不受大眾關注，直到金庸武俠小說《神鵰俠侶》引用了「問世間，情是何物？直教生死相許」，遂為大眾所知曉。隨著小說改編的電影、電視風行，這一句千古愛情之問，便風行到了整個華人世界。　【編按】

⊙ 本單元插圖出自：林章湖〈春寒〉〈白頭晨興〉

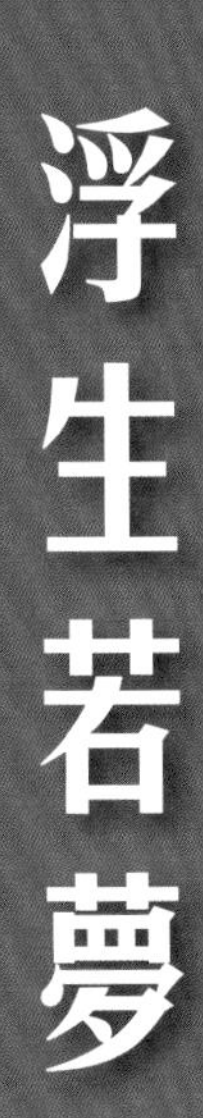

浮生若夢

花月春風，已是昨夜夢魂；
萬里悲秋，怎堪老歲多病。
物是人非，欲語還休；
古道西風，腸斷天涯。
感浮生若夢，嘆悲歡離合總無情；
何不舉杯，邀清風明月來共飲？

插圖出自：夏祖明〈採菊東籬〉

當注入音樂，詩與畫就立體了、活化了、更具生命力了！ —— 王守潔

聽　　雨

「宋末四大家」之一　蔣捷

試問長長一生，要如何訴說？又訴說給誰聽？

也許黃昏的一盞燈、也許入夜的一場雨，

也許獨飲的一杯酒、也許晤對的一席話，

便撞開那封藏著悲喜記憶的鎖。

在宋末詩人蔣捷的這闋詞裡，雨聲不斷，

往日夢似地傳來回音，如那縹緲歌聲、暗紅燭影，

似那風雨江湖、坎坷人世……

聽 雨

詞：蔣 捷

曲：王守潔

古意地

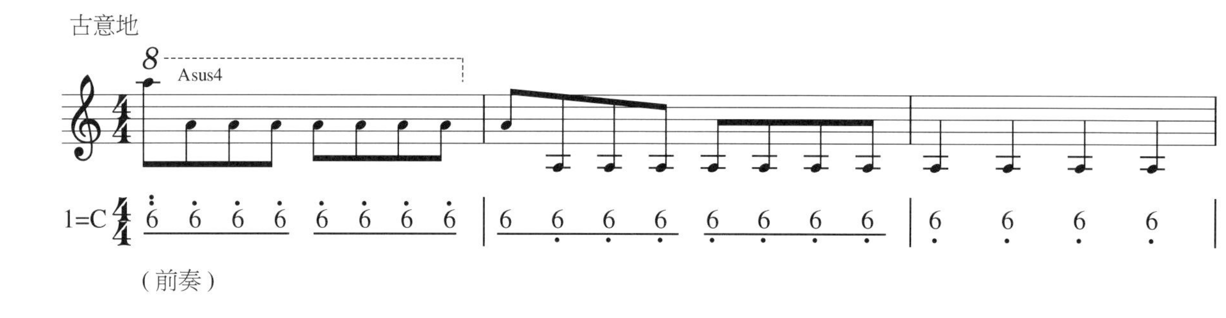

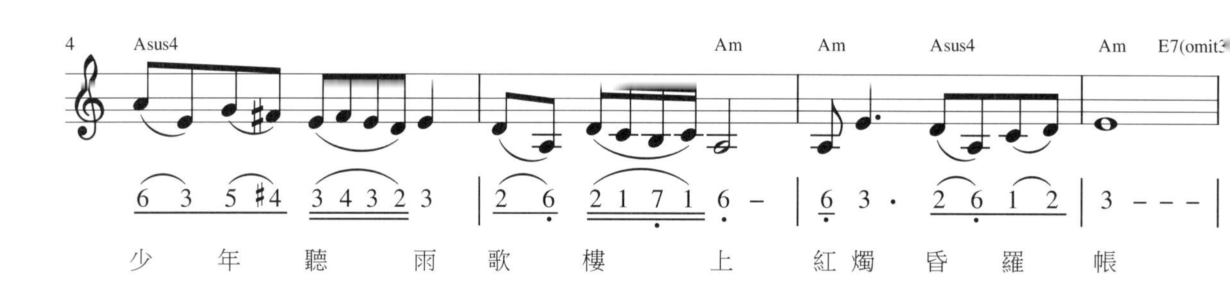

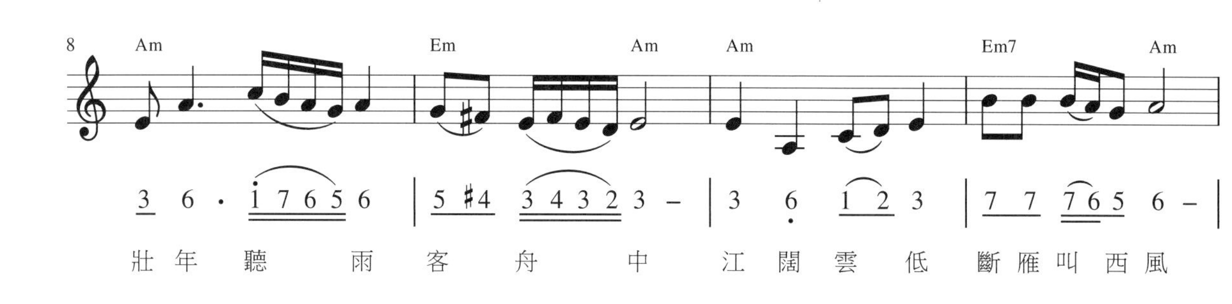

歌曲聆賞

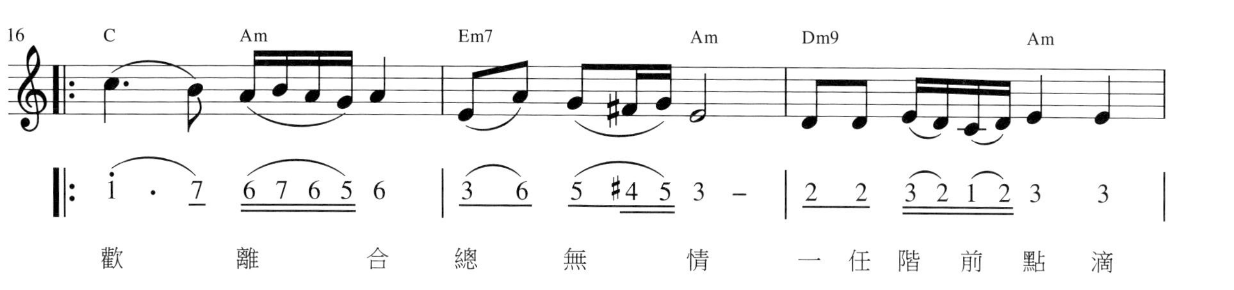
16
C Am Em7 Am Dm9 Am
歡 離 合 總 無 情 一 任 階 前 點 滴

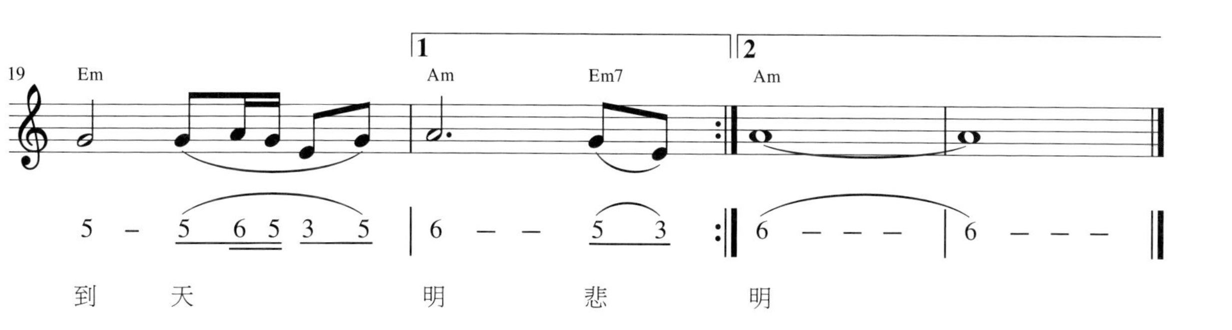
19
Em
1
Am Em7
2
Am
到 天 明 悲 明

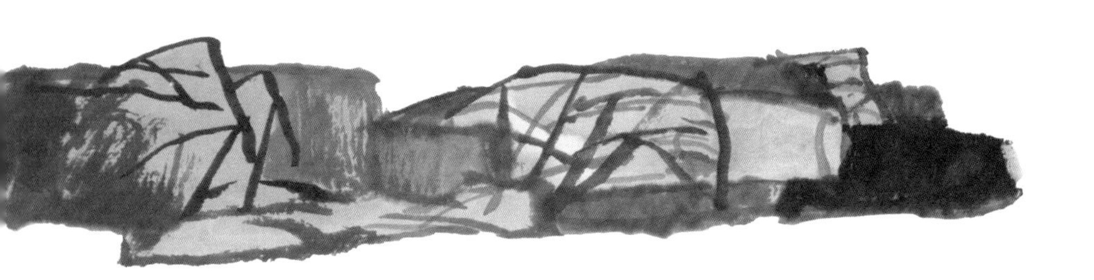

虞美人・聽雨　　宋／蔣　捷

少年聽雨歌樓上，紅燭昏羅帳。

壯年聽雨客舟中，江闊雲低、斷雁叫西風。

而今聽雨僧廬下，鬢已星星也。

悲歡離合總無情，一任階前、點滴到天明。

賞樂知音

嗒嗒嗒嗒，嗒嗒嗒嗒……

雨滴聲開啓了序曲，記憶的帷幕緩緩開啓，

少年的浪漫情事，中年的羈旅生涯，老年的孤單落寞，

都在雨滴的伴奏聲中，化現爲人生劇場的光影流變。

古雅的音韻，如歌的旋律，十六分音符的運用，

將少年歌樓情調、中年客舟漂泊，鋪陳得繁複而迷離。

及至年老歸於僧廬，世事皆歇，琴音也從繁華遁入簡淡。

末段，大調和弦帶起情緒力度，迎來對一生悲歡離合的感嘆。

琴韻即是情韻，歌聲亦是心聲。

「悲歡離合總無情，一任階前、點滴到天明。」

如泣如訴、如怨如慕，而終歸於無可奈何，

只好聽那雨聲不絕，一如愁緒不斷，餘韻悠然。

少年聽雨歌樓上紅燭昏羅帳壯年
聽雨客舟中江闊雲低斷雁叫西風
而今聽雨僧廬下鬢已星星也悲歡
離合總無情一任階前點滴到天明

宋蔣捷虞美人 少年聽雨如聽樂日子歡襄過中年
聽雨似曾覺星夜汗濕透鬢斑忽聽雨咄咄仰天望淚
和流 讀此空自歎滴雨似有情 林隆達贅譔

白話詩譯

人在不同的年紀，心境和生命情調也是各有不同的。就以聽雨爲例罷：

當我年少，在羅帳低垂，紅燭高燒的歌樓之上，聽雨意濛濛；那情調恰似歡場的旖旎風光，青春的生命眞是何等恣意浪漫。

但到了壯年，在行色匆匆的旅途客舟之中，聽雨勢滂沱；呼應著孤雁在雲低風急、一望無涯的江上驚聲疾飛，我江湖行走的紛煩心境，眞也同等沈重。

而如今我漸老了，雙鬢花白，獨自一人，安靜地在佛寺簷下，聽雨聲淅瀝；感慨著曾有的離合悲歡，其實都只是雲煙過眼，又有什麼值得掛懷？那心境，就如簷下階前，終宵相伴的雨點，兀自無心滴落罷了！

詩詞典故

竹山先生種竹子，櫻桃進士寫櫻桃……

蔣捷，字勝欲，宋末元初陽羨（今江蘇宜興）人，宋恭帝時進士。蔣捷生活在宋朝衰亡、蒙古人入侵江南的時期。南宋滅亡，蔣捷深懷亡國之痛，元朝多次徵召為官，他隱居不仕，氣節爲時人所重；因隱居竹山，人稱「竹山先生」。蔣捷與周密、王沂孫、張炎並列「宋末四大家」，然而這麼一號響噹噹的人物，生卒年不詳，哪一年中的進士也是眾說紛紜，甚至連墓葬都有多種說法：前餘的永思墓、沙塘的蔣捷墳、南泉的竹山魂，撲朔迷離，難分真假。

據學者考證，蔣捷曾在宜興、武進、無錫三個縣的四個竹山生活過，〈虞美人．聽雨〉即是寄居宜興竹山（今為竺山）福善寺時所作。這首詞寫的不僅是個人一生遭遇的感嘆，更寄寓了故國不再的黍離之悲。現代詩人、作家余光中先生在〈聽聽那冷雨〉中，寫有這麼一段：「一打少年聽雨，紅燭昏沉。再打中年聽雨，客舟中江闊雲低。三打白頭聽雨在僧廬下，這便是亡宋之痛，一顆敏感心靈的一生：樓上，江上，廟裡，用冷冷的雨珠子串成。」可謂知音。

竹山先生還有另一個頗有趣的綽號叫「櫻桃進士」，「櫻桃」二字來自他的著名詞作〈一剪梅．舟過吳江〉，這首詞寫的是倦遊思歸的心情，卻運用了極富色彩美感的意象。因為櫻桃這一句太過有名，便成了他的雅號。

一片春愁待酒澆。江上舟搖，樓上簾招。
秋娘渡與泰娘橋，風又飄飄，雨又蕭蕭。
何日歸家洗客袍？銀字笙調，心字香燒。
流光容易把人拋，紅了櫻桃，綠了芭蕉。　【編按】

⊙ 本單元插圖出自：周哲〈點點寒鴉是鄉愁〉〈楚江留戀〉

月下獨酌

「筆落驚風雨」的千古詩人　李白

追求理想的背後常常是寂寞，

既無同道之友朋，更無同心之親眷，

當孤獨深入骨髓，此心要如何排遣？

李白月下獨酌，把月亮和影子都拉來作伴，

月色因他的歌聲而徘徊，月影更與他共舞而凌亂，

這浪漫奇想，迸發著狂野，卻也滲透著淒涼。

月下獨酌

詞：李　白

曲：王守潔

中速

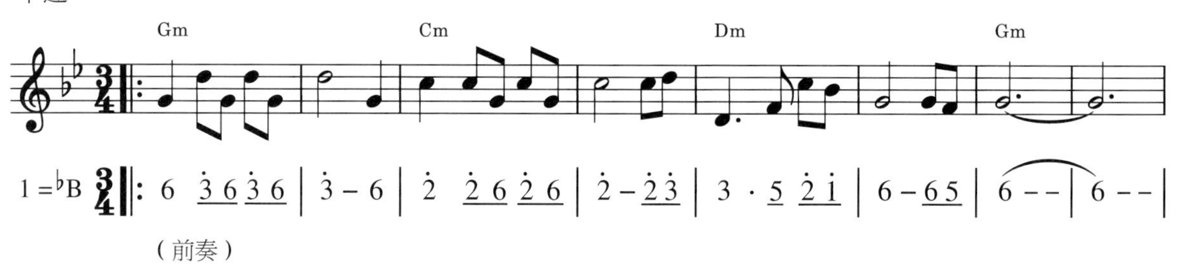

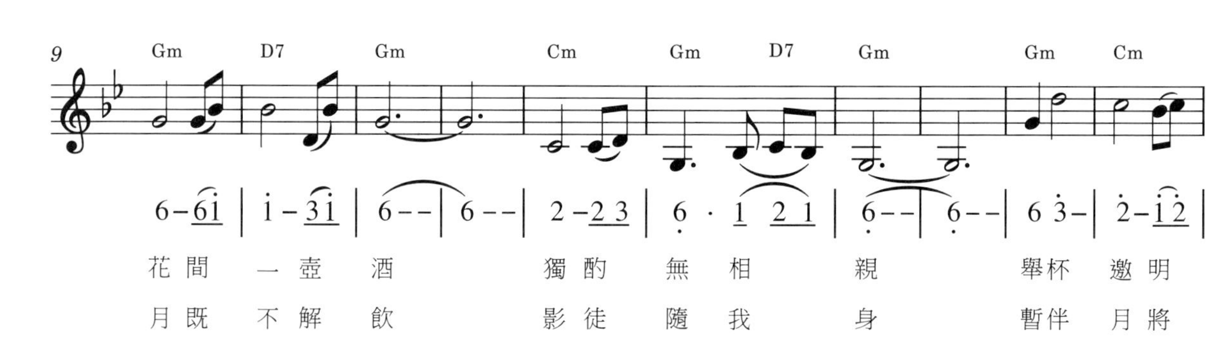

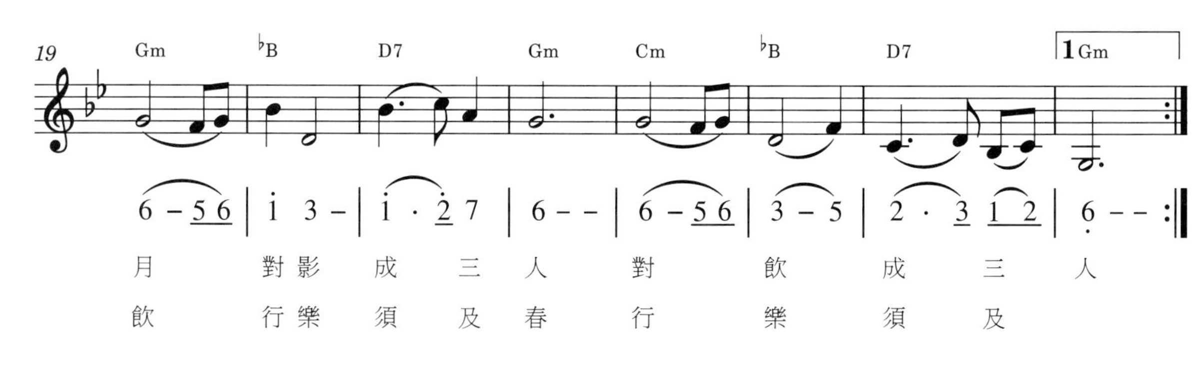

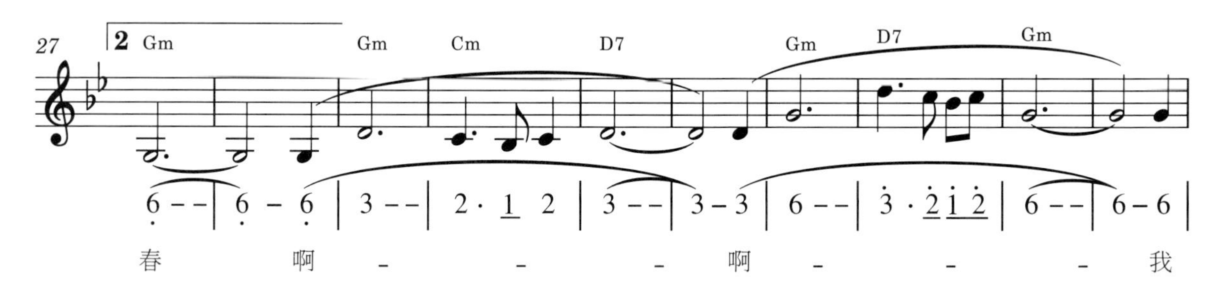

歌曲聆賞

2

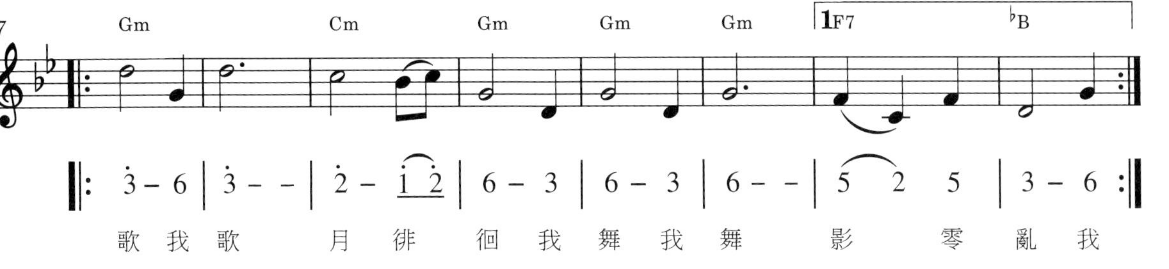
37
Gm Cm Gm Gm Gm 1 F7 ♭B
歌我歌 月徘徊我舞我舞 影零亂我

45
2 D7 Gm ♭B Gm Cm Gm D7 Gm
影零亂醒時 同交歡醉後 各分散永

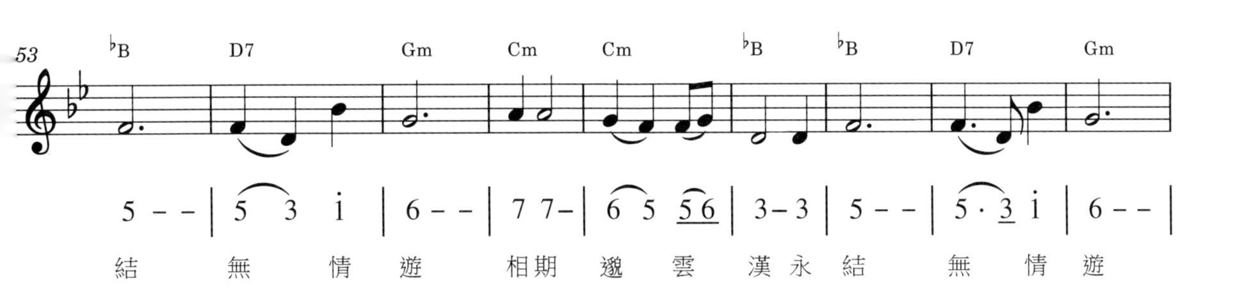
53
♭B D7 Gm Cm Cm ♭B ♭B D7 Gm
結無情遊 相期邈雲漢永結 無情遊

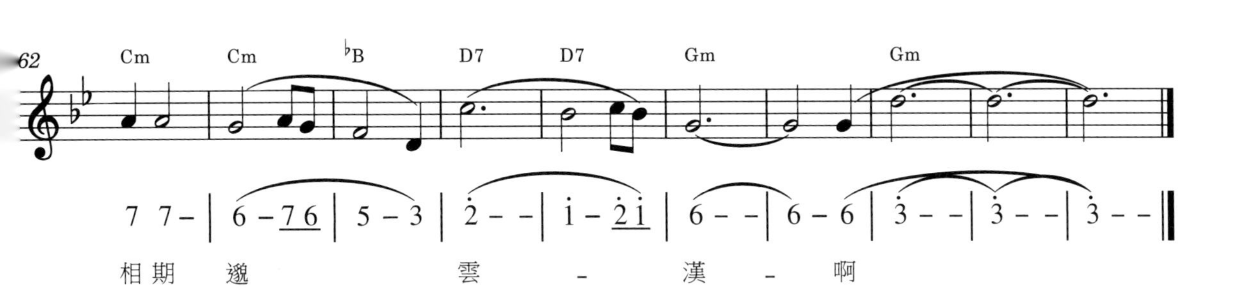
62
Cm Cm ♭B D7 D7 Gm Gm
相期邈 雲 - 漢 - 啊

月下獨酌四首・其一　　唐／李　白

花間一壺酒，獨酌無相親。

舉杯邀明月，對影成三人。

月既不解飲，影徒隨我身。

暫伴月將影，行樂須及春。

我歌月徘徊，我舞影零亂。

醒時同交歡，醉後各分散。

永結無情遊，相期邈雲漢。

賞樂知音

前奏的高音旋律顯得空靈渺遠，

彷彿月光從幽深的夜空投下夢般的影子。

前四句編成獨立樂段，再四句重複之，

高亢時追逐天上明月，低迷時面對地上殘影，

而那自前奏延續而來的高音伴奏時不時出現，

與主旋律交錯行進，意象紛繁而情味淒涼。

我歌我歌月徘徊，我舞我舞影零亂……

進入副歌，妙的是作曲家重複前二字，

便使那醉眼矇矓、顛來倒去的神態真切可感，

半昏半醉，且歌且舞，月亮與影子成了此刻的伴侶，

三拍子的節奏十分貼合醉舞時的搖擺感。

詩人邀請月亮、影子與自己共飲，

看似打破了孤獨，卻又墜入更深的寂寞。

花間一壺酒獨酌無相親舉杯邀明月
對影成三人月既不解飲影徒隨我身
暫伴月將影行樂須及春我歌月徘
徊我舞影零亂醒時同交歡醉後
各分散永結無情遊相期邈雲漢
李白月下獨酌四首其一
林隆達書

白話詩譯

我提了一壺美酒來到花間，仰望有明月高掛，低頭有身影相隨。如此良夜，真想放懷痛飲。可環顧周遭，只我孑然一身，竟然無人可與同歡。這眞也太掃興了罷！但既然上有月，下有影，乾脆就邀你們兩位來共飲好了！這樣一數，也有三個人，可也就不寂寞了！

我當然明白月亮其實不懂飲酒，影子也向來只能隨我腳跟。但又何妨？反正心能造境；重要的是能及時行樂，莫辜負這大好夜色呀！於是當我歌，月兒也配合著在行雲中穿梭；當我舞，影兒也跟隨著腳步零亂。

當酒興正濃，他們活脫脫就是與我共飲同歡的好友；雖然當興盡之後，這一切都同歸寂寥。莫笑我狂得匪夷所思，其實我們在人間的交遊，不也一樣是隨緣聚散？我們處世當更曠達爽朗而無須事事留戀。但盡一日之歡，到該分手時就瀟灑地互道一聲後會有期罷！

詩詞典故

詩仙詩裡的酒 vs 朋友詩裡的酒仙

李白嗜酒，說起李白與酒，故事可多了。李白〈月下獨酌〉組詩共四首，全與喝酒有關，且皆富奇思。第一首奇在邀明月共飲共舞的遐想，第二首奇在任性狡辯、滿腹天真，因為這是一篇「愛酒辯」：「天若不愛酒，酒星不在天。地若不愛酒，地應無酒泉。天地既愛酒，愛酒不愧天……」李白還寫了一首家喻戶曉的長詩〈將進酒〉：「……五花馬，千金裘。呼兒將出換美酒，與爾同銷萬古愁。」豪氣干雲地藉酒澆愁！

李白好交友，朋友們寫給他的贈詩也常常以酒捉趣。如崔成甫〈贈李十二白〉：「我是瀟湘放逐臣，君辭明主漢江濱。天外常求太白老，金陵捉得酒仙人。」他們二人一個被貶、一個辭官，在金陵相聚同遊共飲，崔成甫開心的是捉住了李白這個天下聞名的「酒仙人」。

據說汪倫為了邀請李白到涇縣作客，曾編派了一封信：「先生好遊乎？此處有十里桃花。先生好飲乎？此處有萬家酒店。」李白欣然應邀而去，卻未見信中所述之盛景。汪倫以桃花潭水釀的美酒與李白同飲，坦承十里外的潭水就名為桃花，而開酒店的老闆姓萬。李白大笑，被朋友的盛情感動。

杜甫寫了著名的〈飲中八仙歌〉，生動描繪李白、賀知章等嗜酒者瀟灑飲酒、趣味横生的畫面。其中寫李白的四句堪稱絕品：「李白斗酒詩百篇，長安市上酒家眠。天子呼來不上船，自稱臣是酒中仙。」然而李白仕途不得意，經常沉湎於山林、仙境、醉鄉。杜甫讚嘆之餘，更多的是感慨，他有一首〈贈李白〉寫道：「痛飲狂歌空度日，飛揚跋扈為誰雄？」感嘆李白一身傲骨豪氣，卻不為帝王賞識；雖有濟世之才，卻難以施展。

【編按】

⊙ 本單元插圖出自：夏祖明〈李白獨斟圖〉〈東坡閒居圖〉

武陵春

中國第一女詞人　李清照

個人的命運坎坷，再疊加上國破家亡，

那愁苦悲涼早已不知如何訴說？

觸目無不傷情，憶往更是不堪，

便是出去散散心吧，也抬不起沉重的腳步。

中國第一女詞人，半世幸福，半世滄桑，

卻將滄桑釀成了最感人的詞句。

武陵春

詞：李清照

曲：王守潔

哀怨地

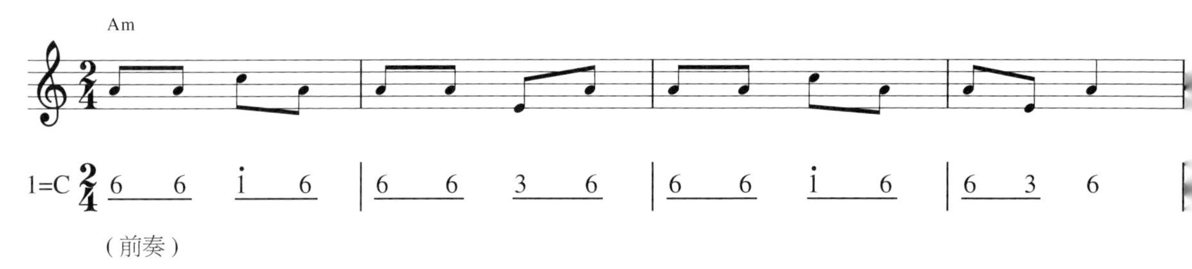

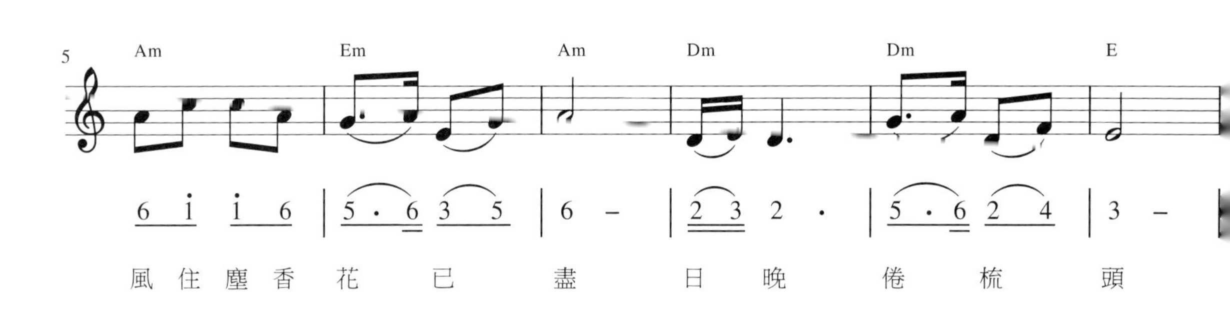

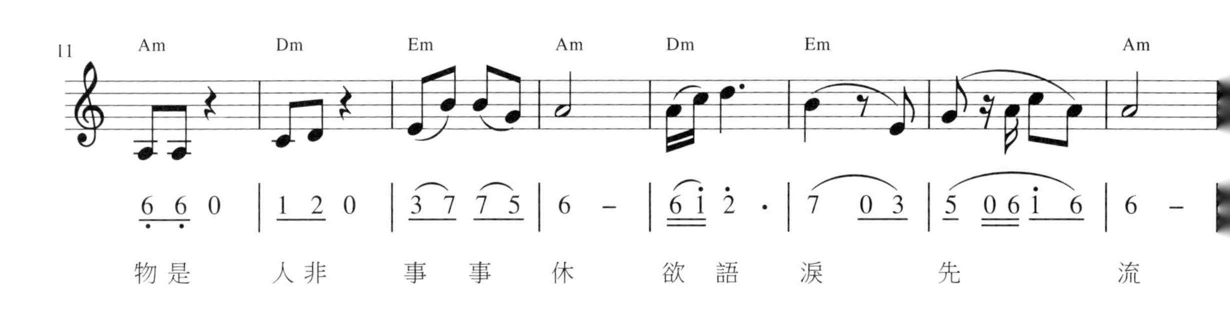

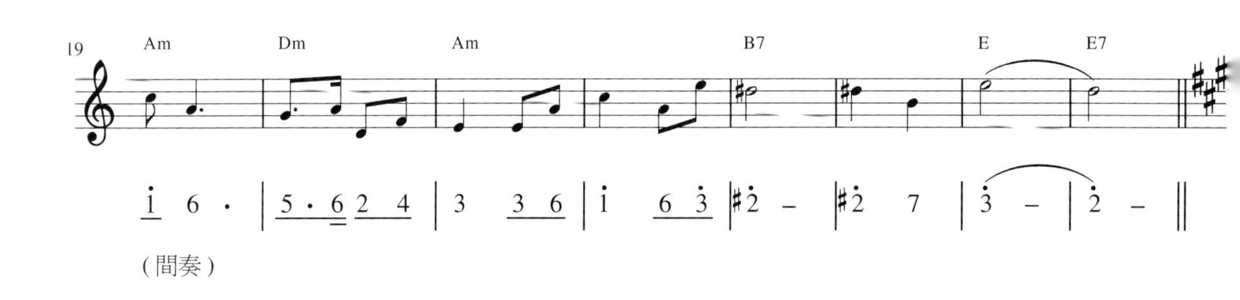

歌曲聆賞

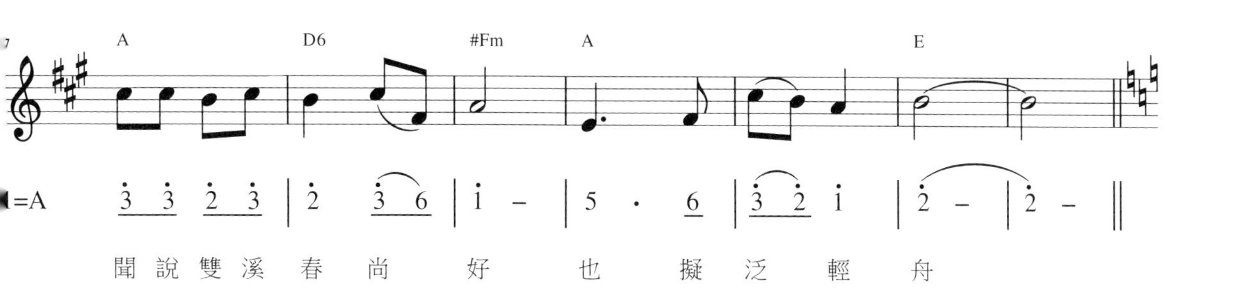
A D6 #Fm A E
=A
聞說雙溪春尚好也擬泛輕舟

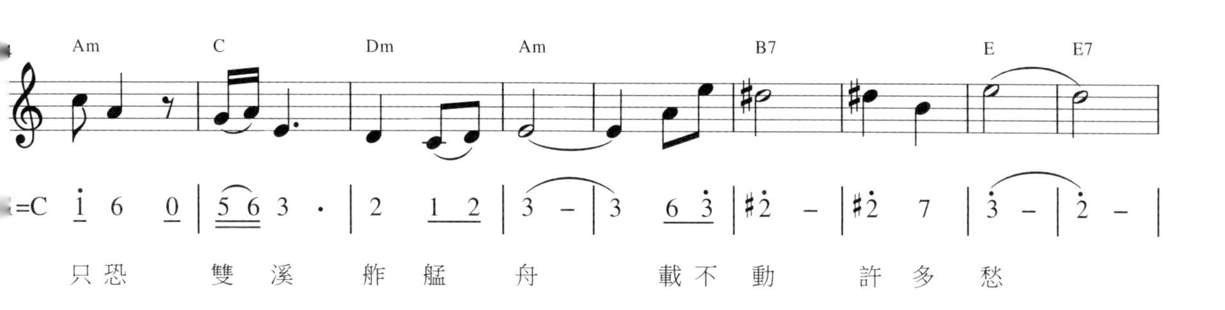
Am C Dm Am B7 E E7
=C
只恐雙溪舴艋舟載不動許多愁

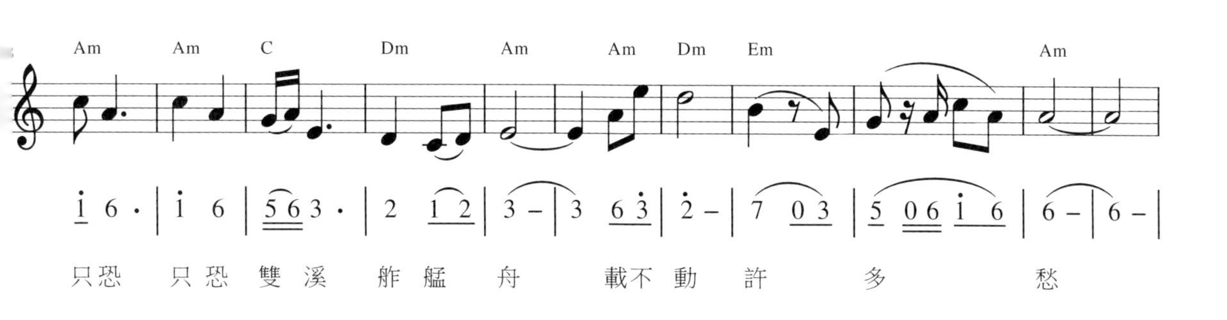
Am Am C Dm Am Am Dm Em Am
只恐只恐雙溪舴艋舟載不動許多愁

Em Em Am Am
許多愁
（尾奏）

武陵春・春晚　　宋 / 李清照

風住塵香花已盡，日晚倦梳頭。

物是人非事事休，欲語淚先流。

聞說雙溪春尚好，也擬泛輕舟。

只恐雙溪舴艋舟，載不動許多愁。

賞樂知音

欣賞詞樂，最好能先欣賞詞作之美，

詩人不寫狂風摧花之狀，卻寫風住花盡之景，

也許最愁苦的，不是悲劇發生當下，

而往往是事後不斷的追思與悵惘。

旋律抒情而感傷，將物是人非的頓挫感，

欲語淚先流的哽咽感，都真切表達出來，

休止符的運用，更是此時無聲勝有聲了。

聽說雙溪春意尚好，詩人想去泛舟，

作曲家巧妙轉調，營造輕快喜悅之感，

然而這歡樂只是一時之幻想，

隨著詩人跌入現實，樂曲回歸原調，

痛苦如此深重，豈是泛舟一遊所能消解？

末句詠嘆再三，從激昂到哽咽再到低迴淒迷，

全曲體現了起伏跌宕的節奏、旋律與調性。

風住塵香花已盡日晚倦梳頭
物是人非事事休欲語淚先流聞
說雙溪春尚好也擬泛輕舟只
恐雙溪舴艋舟載不動許多愁

宋李清照武陵春春晚

辛丑九月牕外海葉題 林隆達

白話詩譯

李清照作此詞時53歲，當時宋室南渡，愛侶趙明誠已死六年；而流離遷徙中，珍愛的金石碑帖文物散失殆盡。則其心境沈鬱，殆可想見……

風是暫停了，但園中的花早已吹落淨盡，只餘地面上一些殘香罷了！雖然已經日上三竿；我還是心情倦怠，一點兒也不想去梳頭。因爲雖然眼前的事物依然，我卻已因家事國事的動盪而了無情緒了！所以還有什麼好說的呢？還沒說眼淚就已忍不住先流下來了！

聽說雙溪那邊的春景維持得還不錯，是不是也可以去划划船，散散心呢？但想想還是算了罷！我這濃重的家國愁懷，又豈是小小的一次春遊，就能消解的呢？

詩詞典故

新來瘦，綠肥紅瘦，人比黃花瘦，好一個李三瘦！

李清照，號易安居士，是有史以來最著名的女詞人，她還有個有趣的綽號叫「李三瘦」，原來她有三個含「瘦」字的詞句皆為神來之筆，為人所嘆賞，故得此雅號。這三句是：「新來瘦，非干病酒，不是悲秋」、「知否？知否？應是綠肥紅瘦」、「莫道不銷魂，簾卷西風，人比黃花瘦」。俗字新用，反而跌宕生姿，妙趣橫生。

其中第三句出自〈醉花陰〉，還跟她與丈夫趙明誠的一則趣事有關。元伊士珍《瑯嬛記》有這樣的記載：李清照將〈醉花陰〉隨信寄給趙明誠，趙嘆賞之餘自感不如，但仍想超越她。於是謝絕一切賓客，廢寢忘食三日三夜，填了五十闋詞。再把李清照的詞混入自己的詞作中，請友人陸德夫來欣賞。陸賞玩再三後說其中只有三句最好。趙忙問是哪三句，陸回答說：「莫道不銷魂，簾卷西風，人比黃花瘦。」正是李清照的句子！看來在作詞方面，趙明誠得甘拜夫人下風了。

李清照的性格堅毅且頗具鋒芒，並不全是詞裡的溫婉形象。她在南渡前寫了一篇〈詞論〉，文長數百字，將五代至北宋以來最有名的詞壇大老都批評了個遍，其中包括李璟、柳永、歐陽脩、蘇軾、王安石、秦觀、黃庭堅等，一個字形容：狂！

金兵入侵中原，兩夫妻跟著宋室南渡，趙明誠一度擔任江寧知府，但他遇到兵變時搭了條繩子臨陣脫逃，因此被朝廷革職。李清照深以為辱，在路過烏江時，有感於項羽自刎的悲壯，寫下〈夏日絕句〉：「生當作人傑，死亦為鬼雄。至今思項羽，不肯過江東。」她抒發了家國離亂的悲憤，也暗諷了南宋王朝和自己懦弱的丈夫。【編按】

⊙ 本單元插圖出自：穆賽〈如夢令〉〈滿庭芳〉〈浣溪紗〉

多少恨 昨夜夢魂中

望江南

「千古詞帝」　南唐後主李煜

曾幾何時，驚覺所有美好都已成過往，

一任命運的車輪輾過，再也無力挽回。

回憶越是甜美，那淒涼越是寒入骨髓！

回憶越是甜美，那悔恨越是痛斷肝腸！

這是李後主，一位帶著赤子之心的亡國之君，

在囈夢中露出美麗而蒼涼的微笑。

望江南

詞：李 煜

曲：王守潔

中板

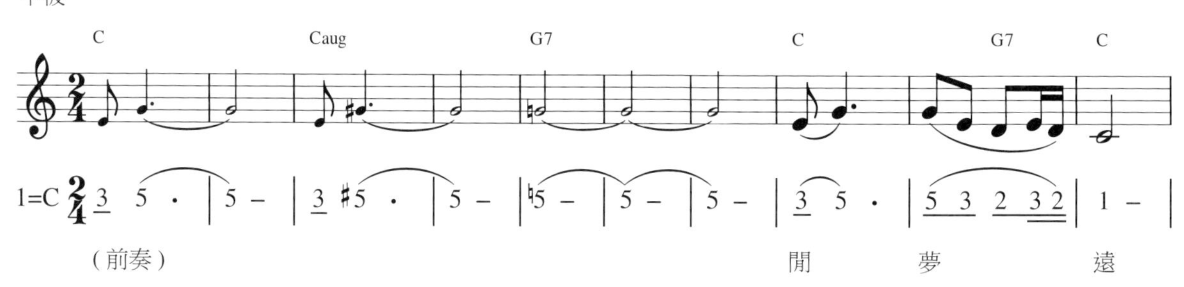

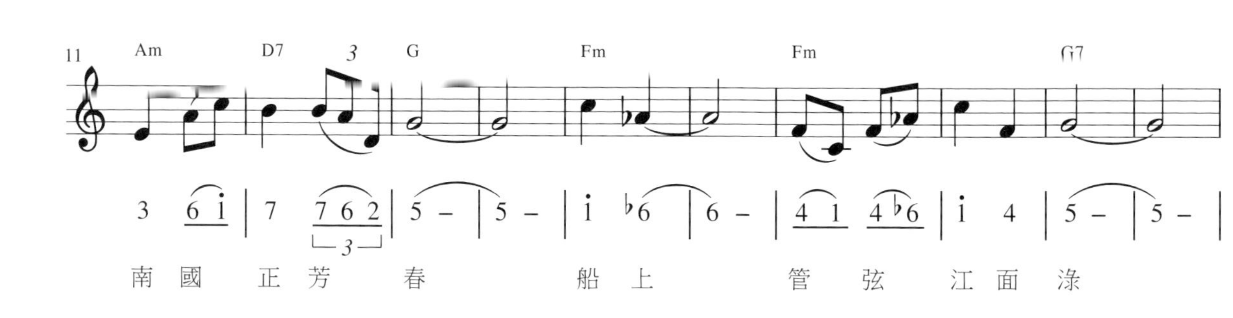

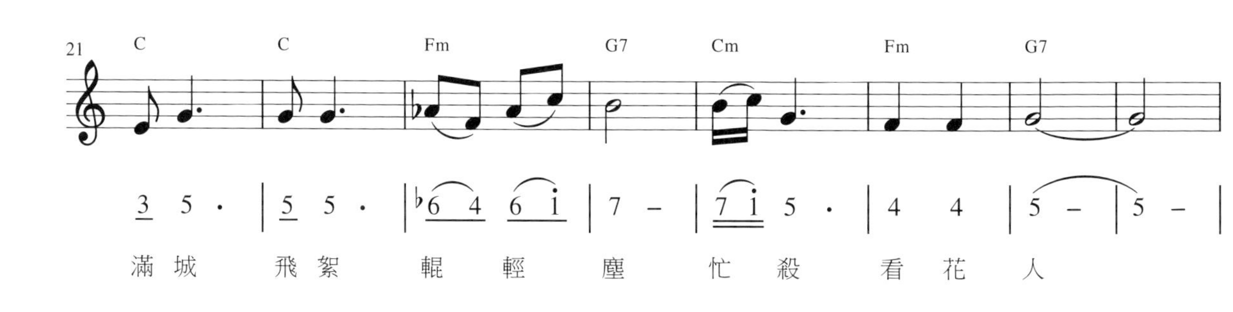

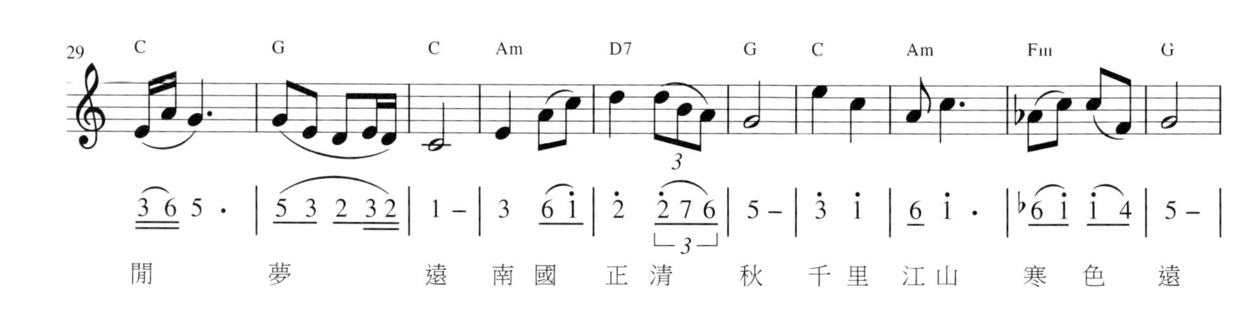

歌曲聆賞

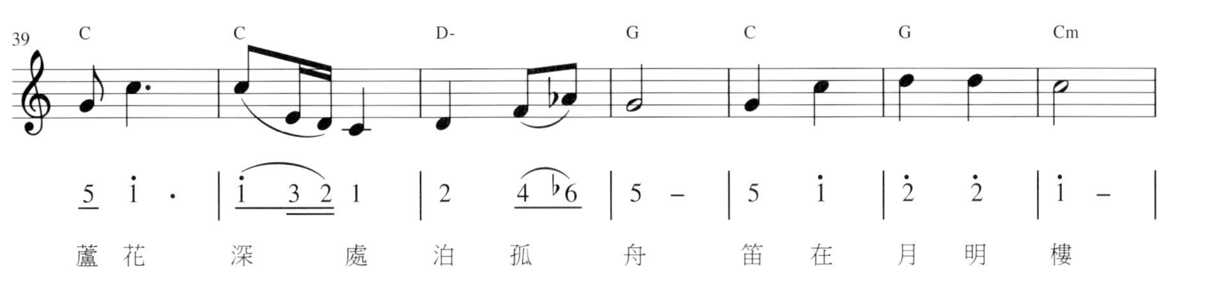
39
C C D- G C G Cm
蘆花深處泊孤舟 笛在月明樓

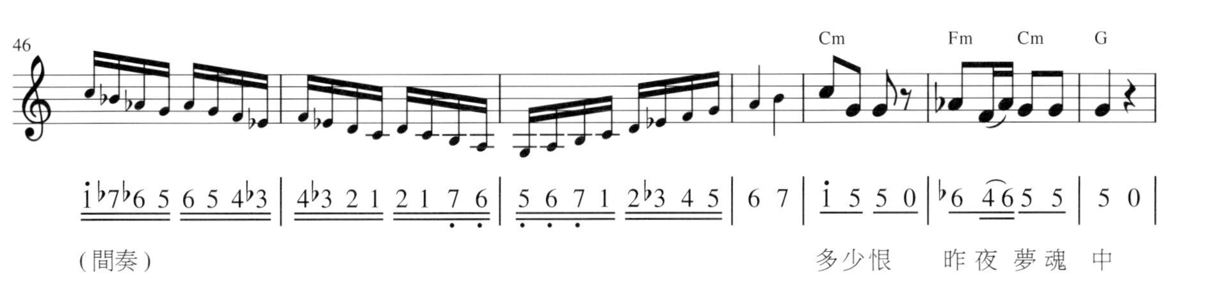
46
Cm Fm Cm G
(間奏)
多少恨 昨夜夢魂中

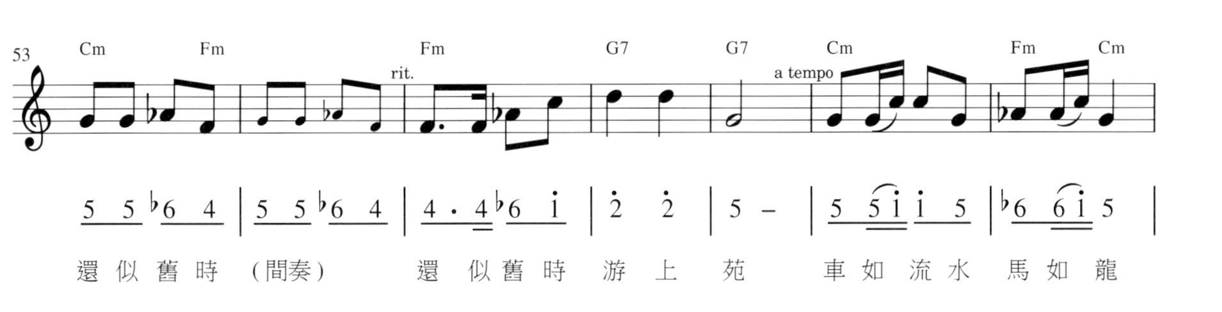
53
Cm Fm Fm G7 G7 Cm Fm Cm
rit.
a tempo
還似舊時(間奏) 還似舊時游上苑 車如流水馬如龍

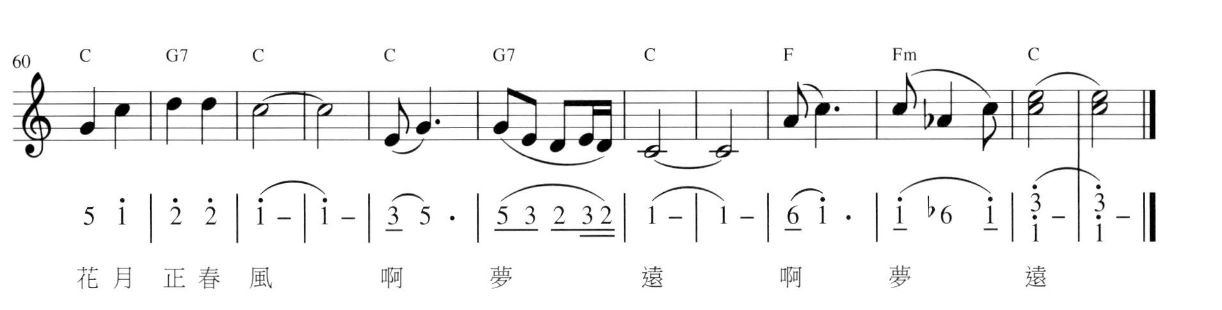
60
C G7 C C G7 C F Fm C
花月正春風 啊 夢 遠 啊 夢 遠

望江南·閒夢遠　　南唐／李　煜

閒夢遠，南國正芳春。

船上管弦江面淥，滿城飛絮輥輕塵。

忙殺看花人。

閒夢遠，南國正清秋。

千里江山寒色遠，蘆花深處泊孤舟，

笛在月明樓。

望江南·多少恨　　南唐／李　煜

多少恨，昨夜夢魂中。

還似舊時游上苑，車如流水馬如龍。

花月正春風。

賞樂知音

一連串清冷的琴音，給前奏帶來夢似的回聲，

一句閒夢遠，更將全曲引入悠悠憶想的氛圍，

那喉韻應如吳儂軟語般婉轉溫存、情絲綿長，

因爲讓詩人魂牽夢縈的正是南國芬芳的春天。

春去秋來，笛聲悠悠，千里江山一片寒色，

第二段與首段句式相近，音樂色彩卻做了變化，

已經透出季節變遷、孤獨清冷的寒意了。

在一段更長更激切的十六分音符間奏後，

全曲進入情緒最高漲、最悲慨的樂段，

音韻頓挫、節奏鏗鏘，彷彿是詩人跌入現實的悲鳴。

然而眞情至性一如李後主，很快便又沉入夢境，

懷想著故國昔日的繁華景色、芳濃春意，

「啊夢遠……啊夢遠……」

作曲家巧妙加入兩小句，餘韻悠然，

將樂曲結束於悵然若失的憶夢氛圍。

閒夢遠南國正芳春船上管弦江面淥滿城
飛絮輥輕塵忙殺看花人 閒夢遠南國正
清秋千里江山寒色遠蘆花深處泊孤舟
笛在月明樓 多少恨昨夜夢魂中還似
舊時遊上苑車如流水馬如龍花月正
春風 南唐李煜望江南 辛丑秋 林隆達

白話詩譯

李後主不是個好皇帝，卻是個好詞人。尤其降宋之後，困阨的際遇，反而拓寬了也濬深了他作品的意境，成為詞壇第一人。故王國維在《人間詞話》有云：「詞至李後主而眼界始大，感慨遂深；遂變伶工之詞而為士大夫之詞。」更說他不失赤子之心，為主觀詩人之代表，其作乃以血書者，更儼然有釋迦基督擔荷人類罪惡之意云云。

百無聊賴中，我心又隨著夢境回到遙遠的南國。正是百花盛開的春天哩！遊船滑過江面，蕩起片片輕波；也隱約傳來悠揚的樂聲。城裡更到處是忙著賞花的遊人，輕車來往，揚起陣陣煙塵，正跟滿城飛絮相映成趣哩！

百無聊賴中，我心又隨著夢境回到遙遠的南國。正是清冷的深秋，江山千里，都籠罩在一片淒寒的暮色之中，迢迢遠去。我的心也正如一葉孤舟，隱藏在蘆葦深處。寂寥的情緒，也只能在深夜獨上高樓，借笛聲向明月傾訴罷！

自從遠離南方的家園，來到北地過著幽居的生活，我的心情便只能寄託在遙遠的夢境。

昨晚我又做夢了，彷彿又回到南國，恰是遊春的時光；御花園中春花正盛，夜月正圓，遊人更是絡繹不絕，好不熱鬧呀！

但這歡樂的幻象之下，其實隱藏著我心中的多少憾恨，為什麼我曾經如此美好的家國，今天會淪亡到這樣悲慘的境地？

詩詞典故

王對王的較量：滿懷之風，卻有多少？

李後主戲劇般的一生留給世人許多感慨。少年時懾於長兄威勢，盡避鋒芒，不料峰迴路轉，最終卻是他這個排行第六的登上皇位。五代時南方文風薈萃，他的父親南唐中主李璟便是那位與大臣賞玩詩詞，寫下「細雨夢回雞塞遠，小樓吹徹玉笙寒」名句的文學高手，宮廷的優渥生活、江南的煙雨春色、愛情的浪漫恣意，無不滋養了李煜藝術的才情。然而，他在守了南唐十六年後，淪為宋太祖趙匡胤的階下囚。

亡國前後，李後主的詞作風格大不相同。前期詞風浪漫綺麗，他寫輕歌曼舞、閒適雅趣的宮廷生活，也寫花前月下、幽情密意的男女艷事；及至兵敗城破，北上受虜之際，詞風隨心境大變，寫下「四十年來家國，三千里地山河……揮淚對宮娥」的悽愴之作，被囚後的詞作更是聲聲如杜鵑啼血。

《石林燕語》記載了一段李煜投降宋朝後與趙匡胤的對話，趙說：「聽說您在國中喜好作詩，唸一個您得意的聯句來聽聽。」李煜唸了詠扇詩的其中兩句：「揖讓月在手，動搖風滿懷。」趙聽後反問：「滿懷之風，卻有多少？」意思是，你一個君主，沒有天下的格局，竟只會吟風弄月。對照來看，趙匡胤寫的〈詠初日〉卻氣勢磅礡、極具霸氣：「太陽初出光赫赫，千山萬山如火發。一輪頃刻上天衢，逐退羣星與殘月。」但趙詩粗獷直白，李詩生動雋永，兩者的藝術造詣實天壤之別。

並非所有史家皆以成敗論英雄，宋史載，宋真宗曾向南唐舊臣潘慎修問及李煜為人，潘回答：「煜懵理若此，何以享國十餘年？」意思是，假如李煜真是暗懦無能之輩，何以能守住南唐十幾年？　【編按】

⊙ 本單元插圖出自：許文厚〈採蓮圖〉〈元宵迎燈圖〉

萬里悲秋常作客
百年多病獨登臺

登　高

「詩聖」　唐朝現實主義詩人杜甫

少年心情，喜歡讀李白，飛流直下三千尺，

瀟灑俊逸、飄然不群，奔騰著生命的想像力。

晚年心情，更貼近杜甫，萬里悲秋常作客，

沉鬱頓挫、質樸蒼涼，訴盡人世的辛酸苦楚。

以肉身行走人間，以詩歌悲憫蒼生，

怎奈何爬上高臺，卻看見人生的低谷。

登　高

詞：杜　甫　　　　曲：王守潔

沉重地

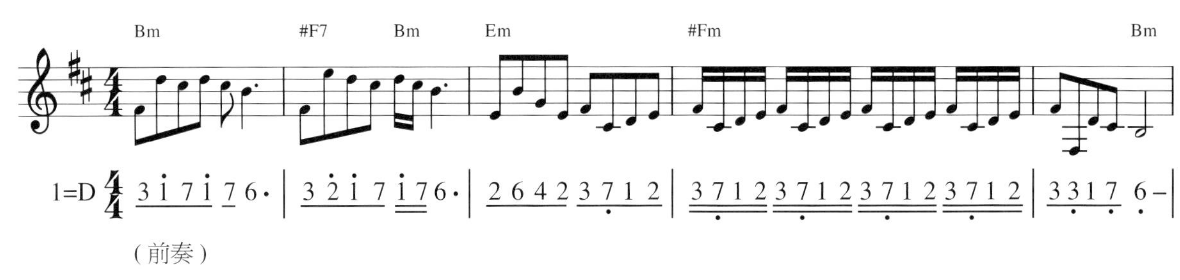

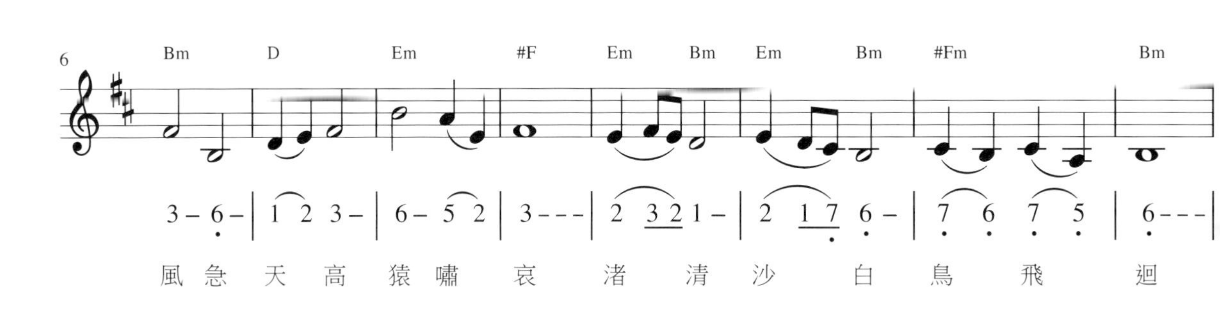

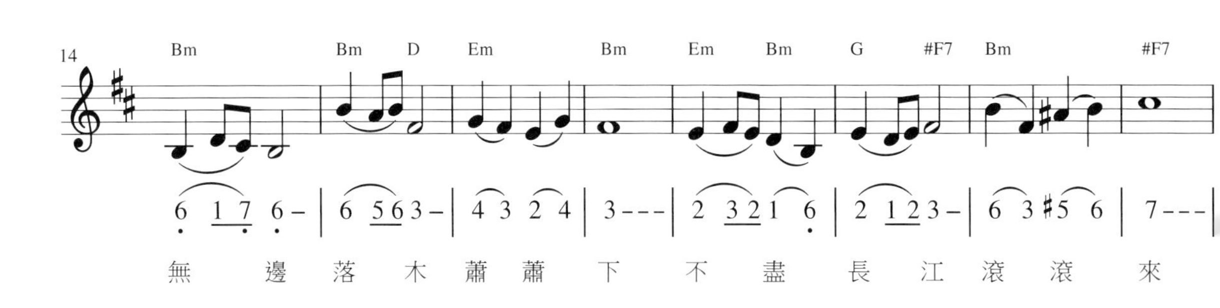

歌曲聆賞

26
Bm Em #F Bm D Bm Em #F Bm
艱難 苦恨 繁霜鬢 潦倒 新停 濁 酒 杯

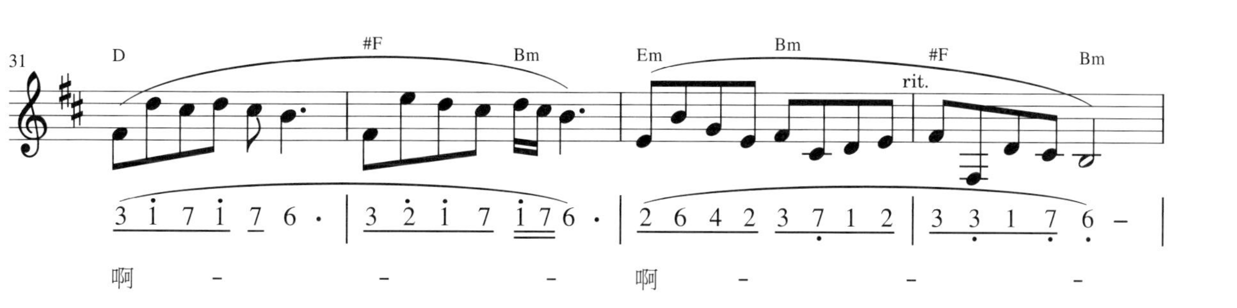
31
D #F Bm Em Bm #F Bm
rit.
啊 - - - 啊 - - -

35
D Em G Bm #F Bm Em #F Bm
slow
萬 里悲 秋 常 作 客 百 年多 病 獨 登 臺 艱難 苦恨 繁霜鬢

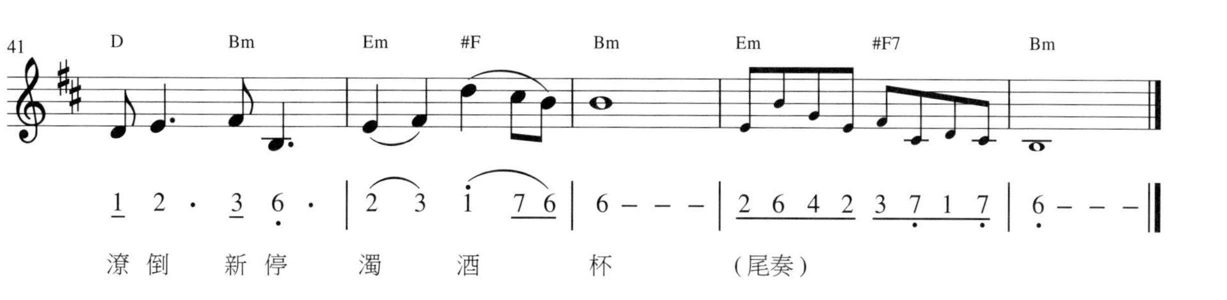
41
D Bm Em #F Bm Em #F7 Bm
潦倒 新停 濁 酒 杯 (尾奏)

登　高　　　唐/杜　甫

風急天高猿嘯哀，渚清沙白鳥飛迴。

無邊落木蕭蕭下，不盡長江滾滾來。

萬里悲秋常作客，百年多病獨登臺。

艱難苦恨繁霜鬢，潦倒新停濁酒杯。

賞樂知音

沉鬱是樂曲的基調，蒼涼是歌聲的底色，
前奏緊繃中略有凝滯，氣象雄渾而悲壯。
律詩有四個聯句，前二聯唱詞低沉緩慢，
一個字一個氣場，如詩人煉字般嘔心瀝血。

「風急天高猿嘯哀」，作曲家以顫抖的樂音表現，
此時詩人正在夔州峽口，聽風聲獵獵、高猿長嘯，
又看見秋風中落葉紛墜，長江之水洶湧而來，
音樂將整個悲涼景象醞釀成內在的滄桑情緒。

後二聯直訴生命種種難以負荷之愁，
遠途、羈旅、年老、多病、孤獨、冷秋……
樂音高亢，欲直抒胸臆，卻又不時壓抑吞聲，
其悲其恨，雖未流一滴眼淚卻更甚於眼淚。
間奏以「啊」字帶出，聲聲掩抑，來回吞吐，
直到第二遍副歌，萬千感慨都凝結在那杯停住的酒。

風急天高猿嘯哀渚清沙白鳥
飛迴無邊落木蕭蕭下不盡長江
滾滾來萬里悲秋常作客百年
多病獨登臺艱難苦恨繁霜鬢
潦倒新停濁酒杯

唐杜甫登高
林隆達書

白話詩譯

本詩是杜甫的名作，被譽爲歷來七律之首。乃因技法精細，寫景如實，寫情深刻，而情景呼應，結構緜密；結句似平淡而更富餘韻。可說是很難翻譯得好的一首作品，我就姑且勉爲其難罷！

我登上高臺。向前遠望，是天地遼濶，長風凜冽，山中隱約傳來猿群的悲鳴。但是往下近看，卻也見小洲清淺，白沙瑩潔，還有飛鳥在優雅迴旋。似乎還沒有意識到時序已經入秋，大環境正在變化。你看山中林木蕭蕭，樹葉已整片整片零落；而江流滾滾，迎面逼來，更暗示時光巨輪的無情輾壓。而我，正是這無常大局下的卑微存在：經常萬里飄泊，有家難歸；尤其在這蕭瑟的秋天，以衰老多病的殘軀，孤寂地登高懷遠，那艱難苦恨，百感交集，以致雙鬢愈白，更形蒼老的心境，就更不足爲外人道了！

你知道嗎？我在如此潦倒的際遇之中，最近，
連小喝一杯濁酒的僅有情趣，都因肺疾的緣故
不得已戒除了！

詩詞典故

試看生前身後名：詩仙與詩聖

李白與杜甫並稱「李杜」，是後世眼中最偉大的兩位唐朝詩人。杜甫小李白11歲，當33歲的杜甫在洛陽遇到44歲的李白，後者雖然官場失意、自請歸山，卻已是名滿天下的詩人，還帶著「御手調羹、貴妃捧硯、力士脫靴」的神級光環；而杜甫還只是初出茅廬的文壇新秀。

回顧李白到長安，因賀知章的賞識而得到「謫仙人」名號，其後「詩仙」之名便流傳開來。而杜甫在長安滯留十年，時運不濟、仕途無門，又遇到安史之亂而到處流落、終生潦倒，自言「百年歌自苦，未見有知音」，他生前從未享有盛名。杜甫死後數十年，受到中唐元稹、白居易等大力稱揚，宋朝以後更受士大夫推崇，而獲得「詩聖」稱號則是明朝的事了。

李詩俊逸高暢，才情噴發；杜詩沉鬱頓挫，才學深厚。誰的詩更好？後世為此論戰千年。最先挑起的就是杜甫的伯樂元稹，元稹遇到杜甫的孫子要為杜甫遷葬，寫了一篇推崇至極的墓誌銘，稱「詩人以來未有如子美者（杜甫字子美）」，並評論李白雖以奇文取稱，卻不如杜甫。韓愈則說「李杜文章在，光焰萬丈長」，認為兩人一樣偉大。杜甫的聲名在宋代達到巔峰，杜詩成為作詩的典範，從註解詩歌的現象來看，宋朝註解杜詩蔚為風氣，而註解李詩只有一家，「揚杜抑李」明顯居於多數。

但李白、杜甫才不管這些身後事呢，兩人平生三度共遊、互贈詩歌，深厚的情誼維繫了一生。　【編按】

⊙ 本單元插圖出自：周哲〈聽濤詩意圖〉〈喜聽溪流響素波〉

人在天涯

「元曲四大家」之一　馬致遠

一個羈旅天涯的孤獨客，在秋風中走過，

只將眼中所見，如白描般一一勾勒：

枯藤、老樹、昏鴉、小橋、流水、人家……

不著一個「秋」字，卻寫盡秋涼氣象，

不帶一個「情」字，卻訴盡人世滄桑。

最後，他把自己放入這幅秋天的圖畫，

牽著瘦馬，走向天涯……

人在天涯

詞：馬致遠

曲：王守潔

合唱版聆賞

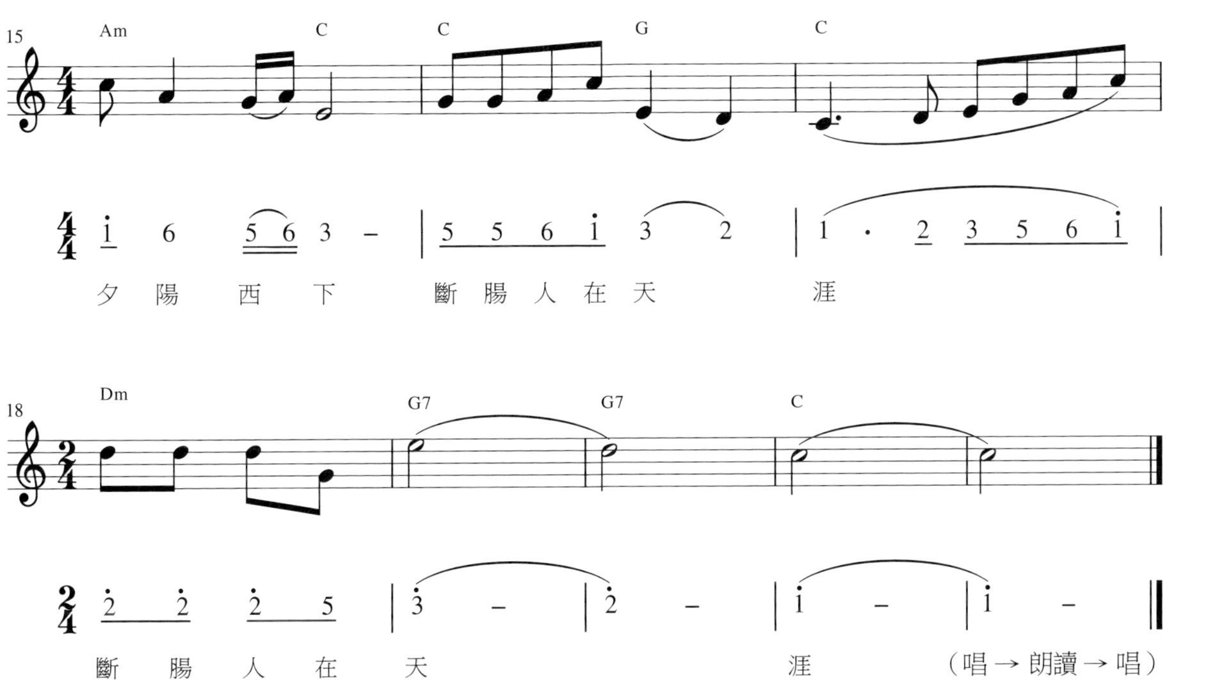
Am C C G C
夕陽西下 斷腸人在天 涯
Dm G7 G7 C
斷腸人在天 涯
（唱→朗讀→唱）

天淨沙・秋思　　　元/馬致遠

枯藤老樹昏鴉，小橋流水人家，古道西風瘦馬。

夕陽西下，斷腸人在天涯。

賞樂知音

這首元代散曲小令，全曲僅28個字，

作曲家卻能作出體勢完整、氣韻連貫的樂曲。

曲詞雖短，妙在擁有豐富的視覺意象，

正如王國維所說「一切景語皆情語」，

「枯藤老樹昏鴉」，蒼涼之景反映滄桑的心境，

「小橋流水人家」，喜悅之景流露歸家的渴望，

「古道西風瘦馬」，空闊之景突顯漂泊的淒涼。

曲風沉鬱蒼涼，時而頓挫時而抒情，情緒層層遞進，

直到「斷腸人在天涯」，便如摧心剖肝、字字泣血了。

首段合唱之後，繁複絢麗的鋼琴間奏排空而來，

琴聲漸歇時，開始了極具特色的男低音朗誦，

渾厚低沉的嗓音，彷彿將我們帶入滄桑古道。

最後再度合唱，多聲部歌聲如浪潮湧動，

交織成一幅層次豐富、氣勢動人的秋之音畫。

枯藤老樹昏鴉小橋流
水人家古道西風瘦馬夕
陽西下斷腸人在天涯

馬致遠天淨沙秋思
辛丑之穐 林隆達

白話詩譯

枯藤老樹昏鴉，小橋流水人家，古道西風瘦馬，夕陽西下，斷腸人在天涯。

咦！有沒有弄錯？這就是原文呀！那有譯白？

對！沒弄錯，這就是譯白。一字不改照抄，是因爲原文就已經是白話了，不須要再譯白了；也不妨套一句玄言，就叫「以不譯譯」罷！

原來所謂文言，是指有別於白話的另一種文法，如特殊的倒裝句（疑問句和否定句要受詞提到動詞之前，如「何謂」、「不我知」），如特殊的語氣詞（之乎者也矣焉哉）等等。但這首元曲卻完全沒有這些特徵，他只是開頭就列舉了九個詞組（形容詞加名詞），鋪陳出一幅暮色中有溫馨，溫馨中卻又對比出蒼涼的錯綜畫面；然後以兩個表態句，畫龍點睛地凸顯出孤寂悲愴的主題。整首作品，明白展示，完全不須要解釋，不須要分析，不須要探討，更不須要多此一舉的翻譯或「換句話說」，讀者便自心領神會了！這是最高明的白描手法，我們只須讚嘆就好了！

詩詞典故

他寫了短短28個字，就被封爲「秋思之祖」……

一首膾炙人口的〈天淨沙．秋思〉，使馬致遠被後世封為「秋思之祖」。王國維在《人間詞話》中評價說：「文章之妙，亦一言蔽之，有境界而已……一曲〈秋思〉，心中隱隱作痛，悲淚欲出。」後人還有評語「枯藤老樹寫秋思，不許旁人贅一詞」，意思是馬致遠的這首小令用字精煉而意境深沉，不可少一字，不可多一字，不可替換一字，旁人要想再推敲修改是不可能的。

〈秋思〉只有短短五句二十八字。在詞句的錘鍊上，馬致遠可謂既入膾前衛又爐火純青，他在前三句中將九個景物名詞一口氣排列，卻不見斧鑿痕跡。前代詩人溫庭筠的詩句「雞聲茅店月，人跡板橋霜」也有這種用字趣味，但景物氣象不如〈秋思〉大。馬致遠是元曲四大家之一，巧的是四大家中的另一位白樸也有一首〈天淨沙．秋〉，寫法簡直同出一轍：

孤村落日殘霞，輕煙老樹寒鴉，一點飛鴻影下。

青山綠水，白草紅葉黃花。

白樸這首小令，風格疏朗平和，景物色彩繽紛，表現了隱逸的自在情調。馬致遠約晚他二十年出生，因此合理推測，馬致遠應是先看過白樸前輩的小令，模仿而作秋思一曲。不過，馬致遠此曲一出，便超越白樸，名揚百世了。

馬致遠晚年隱居山林，過着「酒中仙，塵外客，林間友」的生活，但隱居何處並沒有明確記載。在北京門頭溝區王平鎮的韭園村內，有一元代古宅，村民們世代相傳說這裡就是馬致遠故居。韭園村是王平古道（京西古道其中一支）的道口，村民們相信〈天淨沙．秋思〉就是對京西古道滄桑的寫照。 【編按】

⊙ 本單元插圖出自：周哲〈西溪詩意圖〉〈有我〉

范麗庭〈引無數英雄競折腰〉

書　　名　詩詞長歌 王守潔詩詞創作歌曲集
作　　曲　王守潔
指導顧問　劉兆玄、連方瑀
發 行 人　吳　放
封面題字　何懷碩
白話詩譯　曾昭旭
詩詞書法　林隆達
賞樂知音　祇　哈
插圖畫家　周　哲、楚　戈、夏祖明、許文厚
　　　　　陳朝寶、林章湖、范麗庭、穆　賽
主　　編　王暉之

音樂總監　王守潔
詩詞導聆　曾昭旭
演　　唱　范婷玉、簡崇元、曾文奕、煦豐蒔光合唱團
指　　揮　蔡佑君
合唱編曲　黃俊達

行銷統籌　吳采頻
展覽策畫　陳耀姬
封面設計　宋明錕
美術設計　黃靖閔
美編協力　葉奕亭
樂譜製作　王　挺
影音製作　吳杭之
印刷製作　威創彩藝

出版發行　長歌藝術傳播有限公司
地　　址　114 台北市內湖區堤頂大道二段 407巷 32號 1樓
電　　話　+886-2-33223338
網　　站　長歌藝術傳播 www.veryartist.com.tw
郵政劃撥　50270987
帳　　戶　長歌藝術傳播有限公司
初版日期　2022年 1 月
I S B N　978-986-99298-7-5
定　　價　NT$ 800 元

詩詞長歌 : 王守潔詩詞創作歌曲集 /王守潔作曲
. -- 初版 .-- 臺北市 : 長歌藝術傳播有限公司 ,
2022.01
208 面 ; 19×25 公分
ISBN 978-986-99298-7-5(精裝)
1.詩歌吟唱 2.中國文學
915.18　　110021503

國家圖書館出版品預行編目 (CIP)資料

誠摯感謝
《詩詞長歌》文學歌譜及音樂會贊助者
· 連雅堂先生教育基金會
· 連震東先生文教基金會
· 中華文化永續發展基金會
· 中華文教經貿創意協會
· 中華文創學會
· 中國第一鋼纜廠股份有限公司
· 寶瑄國際事業股份有限公司
· 傳鼎國際有限公司

花間一壺
邀明
月